科技强国

给青少年讲述中国当代重大科技成果

主编　王会军　副主编　夏　军

南京出版传媒集团　南京出版社

图书在版编目（CIP）数据

科技强国：给青少年讲述中国当代重大科技成果 / 王会军主编；夏军副主编．-- 南京：南京出版社

ISBN 978-7-5533-4632-8

Ⅰ．①科… Ⅱ．①王… ②夏… Ⅲ．①科技成果－中国－现代－青少年读物 Ⅳ．① N12-49

中国国家版本馆 CIP 数据核字（2024）第 030301 号

书　　名：科技强国——给青少年讲述中国当代重大科技成果
编　　者：王会军　夏　军
执行主编：嵇　刊
策　　划：孙前超
出版发行：南京出版传媒集团
南　京　出　版　社
社址：南京市太平门街 53 号　　邮编：210016
网址：http://www.njcbs.cn　　电子信箱：njcbs1988@163.com
联系电话：025-83283893、83283864（营销）　025-83112257（编务）

出 版 人：项晓宁
出 品 人：卢海鸣
责任编辑：翟聪睿　孙前超
装帧设计：王　俊
插　　图：汤　婧　汪　炫
责任印制：杨福彬

排　　版：南京新华丰制版有限公司
印　　刷：南京爱德印刷有限公司
开　　本：890 毫米 ×1240 毫米　1/16
印　　张：14.25
字　　数：200 千
版　　次：2024 年 4 月第 1 版
印　　次：2024 年 4 月第 1 次印刷
书　　号：ISBN 978-7-5533-4632-8
定　　价：68.00 元

用微信或京东 APP扫码购书

用淘宝APP 扫码购书

编 委 会

前　言

从石器时代到工业革命，人类文明的每一次飞跃都离不开科学技术的推动。中国的科学技术源远流长，在很长的一段历史时期都居于世界领先地位，其浩如烟海的科学技术成就为世界文明的发展做出了突出的贡献。新中国成立以来，在中国共产党的领导下，中国经济、社会、科技的发展取得了举世瞩目的成就。

习近平总书记指出："要加强国家科普能力建设，深入实施全民科学素质提升行动，线上线下多渠道传播科学知识、展示科技成就，树立热爱科学、崇尚科学的社会风尚。要切实推进科教融汇，在教育'双减'中做好科学教育加法，播撒科学种子，激发青少年好奇心、想象力、探求欲，培育具备科学家潜质、愿意献身科学研究事业的青少年群体。"

为了更好地向青少年推介重大科技成果，弘扬追求真理、勇攀高峰的科学精神，引导青少年爱科学、学科学、献身科学，江苏省科学传播中心联合南京出版社精心编写出版了《科技强国——给青少年讲述中国当代重大科技成果》。本书精选 51 个案例，涉及航空航天、材料装备、交通运输、生命医学等多个学科领域。

本书紧扣科技强国这一主题，按照时间顺序详细介绍了当代中国人民在科技领域里取得的一个个振奋人心的伟大科技成果，全景式回顾了这些科技成果对经济社会发展产生的深刻影响。从第一辆汽车下线、第一颗原子弹爆炸成功、首次人工合成结晶牛胰岛素，到“神舟”飞天、超算“发威”、中国“天眼”、大飞机首飞、北斗组网……本书在向青少年讲述科技方面取得的伟大成就和重大成果的同时，旨在引导广大青少年了解我国科技发展的历程，了解我国几代科技工作者通过接续奋斗铸就的“两弹一星”精神、西迁精神、载人航天精神、科学家精神、探月精神、新时代北斗精神等，增强广大青少年的文化自信、科技自信，树立民族自豪感，进一步激发青少年学科学的热情。

作为一本综合性科普图书，本书语言通俗易懂，手绘图片精美，内容丰富详实，知识点表述精准，能够激发读者对科学的探索欲和求知欲。

科学技术从来没有像今天这样深刻影响着国家前途命运，从来没有像今天这样深刻影响着人民生活福祉，我们比历史上任何时期都更需要建设世界科技强国！我们国家要强盛、要复兴，就一定要大力发展科学技术，努力成为世界主要的科学中心。广大青少年要直面问题、迎难而上，肩负起历史赋予的重任，勇做新时代科技创新的排头兵。

目　录

第一台国产蒸汽机车研制成功

1952 年 7 月 26 日，青岛四方机厂（现中车青岛四方机车车辆股份有限公司）研制出国产首台蒸汽机车。机车重 92.07 吨，车长 22.6 米，构造速度为每小时 80 千米。

从蒸汽机车到内燃机车，再到电力机车，我国的铁路交通飞速发展，机车工业也实现了从无到有、从落后到赶超的跨越，直至今天全面领先世界水平，为中国经济的快速发展打下坚实基础。

解放型干线货运蒸汽机车

中国铁路工业崭新的一页

新中国成立前，全国铁路只有 4000 多台蒸汽机车，型号多达 198 种，分别由 8 个国家的 30 多个工厂生产。就蒸汽机车型号的数量而言，旧中国绝对位居“世界火

东风型内燃机车

车之最”。那时的中国铁路曾被讥讽为“万国蒸汽机车博览会”。

蒸汽机车，顾名思义，以蒸汽为动力源，它巧妙地运用了英国人瓦特改良的蒸汽机技术，通过用煤烧水，使水变成蒸汽，从而推动汽机活塞运动，带动机车动轮牵引火车运行。蒸汽机车的外观和功用与如今的各种火车相差甚远。它是第一代火车。

为了拥有我国自行研制的先进的蒸汽机车，加大中国铁路的运输能力，20 世纪 50 年代，中央人民政府铁道部决定由青岛四方机厂承担研制新型蒸汽机车的任务。

面对新的挑战，具有光荣革命传统的四方机厂人迎难而上，踏上创造奇迹的征程。首先要解决的是图纸问题。当时工厂技术力量不足，工程技术人员仅有百余人，过去修车用的图纸也零碎不全。在铁道部有关部门的帮助下，四方机厂工程技术人员日夜苦战，攻坚克难，经过反复研究论证后，终于设计出了解放型干线货运蒸汽机车的完整图纸。从设计效果图来看，该型机车功率大、速度快，而且降低了单位功率的蒸汽消耗量和金属消耗量。这些利好因素为新机车生产奠定了基础。

月牙板是机车牵引的重要部件之一，表面硬度要求非常高。起初造出的月牙板总是被磨坏，而其渗碳处理的好坏直接关系到新机车能否研制成功。为了研制这个部件，厂里特意成立了“月牙板表面渗碳处理”技术组。工人们开动脑筋、费尽心思，经过多次试验终于制造出来，但仍无法解决渗碳处理问题。当时，工厂没有热处理设备，也没有完备的化验室，化学药品缺乏，相关技术知识更是不足。为攻克这一技术难关，经验丰富的老工人丁学文白天跑到化工商店去询问化学药品的含碳情况，晚上恶补化学知识，并买来原料反复改进试制……技术组在缺乏渗碳处理技术知识的情况下，克服化验设备不足、化学药品缺少等诸多困难，最终成功地制造出了达到当时国际上同类型产品先进水平的机车月牙板。

1952 年 7 月 26 日，国产第一台蒸汽机车在四方机厂完成组装并试运行，定名为解放型“八一号”。从此以后，“八一号”机车在几十年的时间里，几乎穿越了整个中国，奔驰于各个角落。1992 年 5 月 30 日，“八一号”机车在淮南机务段光荣“退役”，结束了辉煌的职业生涯。“八一号”机车如同一位忠诚的使命者，见证了中国铁路交通

韶山1型（SS1）电力机车

运输事业的蓬勃发展。它背负着运载重任，承担着连接全国各地的重要任务。在过去的几十年里，它不仅凭借出色的性能和可靠性，征服了险峻的山地和广袤的平原，更成为人们心目中的“交通英雄”。

新中国第一台内燃机车

随着时代的变迁和科技的进步，蒸汽机车逐渐被内燃机车、电力机车所取代。虽然“八一号”机车告别了职业舞台，但它留下的回忆和见证的历史将永远铭刻在人们的心中。毋庸置疑，“八一号”机车是中国铁路发展史上的重要里程碑。

和蒸汽机车相比，内燃机车具有耐用、经济、效率高等特点。内燃机车以内燃机作为动力装置，通过传动装置驱动车轮。我国铁路上采用的内燃机绝大多数是柴油机。

1958 年 9 月，新中国第一台内燃机车——建设型直流电传动调车内燃机车组装完毕，于 9 日正式下线，其 3 万多个配件全部是中国制造。

这台国产内燃机车用电气传动，采用的柴油机装车功率 441 千瓦，自重 60 吨，每小时最高速度为 85 千米。它的诞生，结束了我国不能自行制造内燃机车的历史。

1996 年 6 月，我国自行研制的第一台交流电传动电力机车诞生，标志着我国电力机车从直流电传动向交流电传动迈进，为赶超世界先进水平打下了基础。

国产青霉素针剂投产

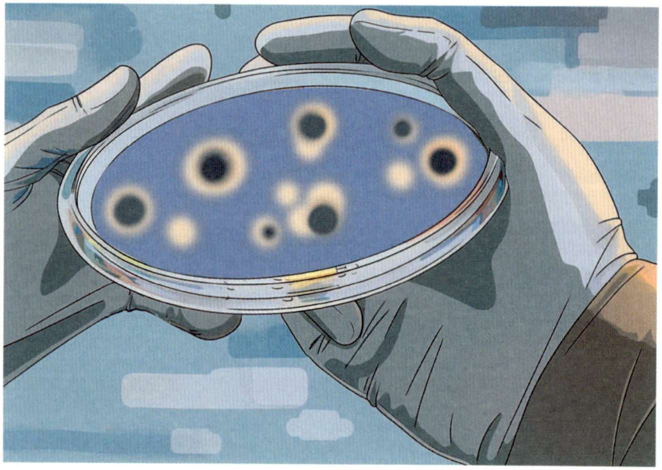

青霉素，是人类发现的第一种天然抗生素，也是最早广泛用于临床治疗并延续至今的最常用的抗菌药物。青霉素的发现，结束了一个传染病近乎无法治疗的时代，也为人类平均寿命的延长做出了贡献。

1951 年 4 月，上海青霉素实验所成功试制了新中国第一支国产青霉素针剂，新中国第一支抗生素——青霉素诞生了。1953 年 5 月，上海青霉素实验所改名为轻工业部医药工业管理局国营上海第三制药厂，投产第一批国产青霉素针剂，拉开了我国青霉素大批量工业化生产的序幕，结束了从国外进口“盘尼西林”（青霉素的音译）的时代。

1964年发行的《化学工业》邮票，邮票背景为上海第三制药厂的青霉素发酵设备

“神药”青霉素

第一次世界大战期间，大量伤病员得不到有效治疗，伤口很容易感染化脓，以致医院里充满了腐臭气味，伤员即使手术成功，也可能因伤口感染化脓而截肢甚至死亡。第二次世界大战后期，青霉素开始大量用于盟军部队，对控制伤口感染非常有效，大大提高了伤病员的生存率和部队士气，被视为“神药”。

在青霉素问世之前，人类对那些严重威胁到健康与生命安全的致病菌几乎束手无策。即使是在青霉素问世之后的早期，因为青霉素还不能量产，导致价比黄金。

其实，早在唐朝时，长安城的裁缝会把长有“绿毛”的糨糊涂在被剪刀划破的手指上来帮助伤口愈合，就是因为“绿毛”含有一种能杀菌的物质（青霉菌）。这可能是人们最早使用青霉素的例子。

1944 年 9 月 5 日，在汤飞凡与樊庆笙、朱既明等先辈的努力下，中国第一批青霉素在昆明问世了。这一历史性的突破，标志着中国在微生物学领域的重要进展。然而，受条件所限，大规模生产青霉素的愿望未能实现。

新中国成立后，为了解决用药难的问题，党中央决定加大对国内抗生素药厂的建设和支持力度，尽快实现中国自己的抗生素药品自给自足，通过建设现代化的抗生素生产基地，彻底扭转过去青霉素等药物依赖进口的局面。

青霉素的国产化之路

童村与一批科研人员共同筹备上海青霉素实验所，并选择了位于上海弄堂内的一幢平房作为办公地点。1950 年 3 月，实验所正式成立。童村和他领导的团队

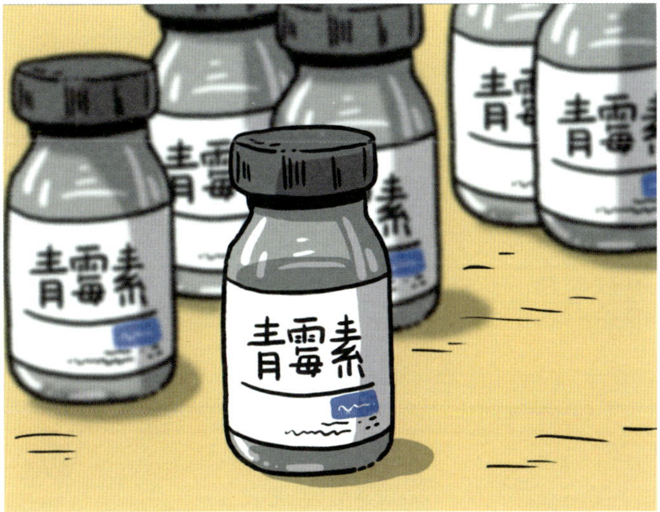

在技术上采取了土法上马的方式，虽然遇到了各种挑战和困难，但他们始终坚持不懈、积极探索。科研人员因地制宜，很快制造出中国首台“青霉素发酵罐”。到了1951年4月，他们成功试制了新中国第一支国产青霉素针剂，为后来将青霉素研制成果推广并进行大规模生产奠定了基础。

我国第一代抗生素的科研团队仅有12名成员，厂房面积2510平方米，主要设备发酵罐由两只旧罐整修而成。但实验所的科研人员不断克服技术难题，经过反复研究、试验，先后用棉籽饼粉、花生饼粉成功替代玉米浆，解决了青霉素发酵的原料问题，并自主设计加工和安装生产青霉素的全套设备，开始了艰难曲折的青霉素国产化之路。

中国“抗生素的摇篮”

1953年5月，我国首家生产抗生素药品的工厂——上海第三制药厂诞生了。工厂的建立基于上海青霉素实验所的科研成果，正式开始批量生产青霉素。自此以后，我国的抗生素生产跨入了工业化的时代。

乳糖代用品的成功研制，不但取代了国际通用的青霉素培养基配方，也为建立具有中国特色的青霉素发酵工业打下了基础。

此后，上海第三制药厂先后成功研制、生产了金霉素、四环素、新霉素、红霉素及头孢菌素等药物，为我国抗生素工业的发展做出了卓越的贡献，被誉为中国“抗生素的摇篮”。

解放牌汽车下线

1956年7月13日，新中国的首辆汽车——解放牌载重汽车在吉林省长春市的中国第一汽车制造厂（一汽集团前身）正式下线。解放牌汽车的诞生对于新中国汽车工业乃至整个机械工业来说都具有重大的意义，它标志着中国从此结束了无法自主制造汽车的历史。

解放牌汽车出厂纪念邮票

“一汽”正式建厂

新中国成立之初，面临着众多待解决的问题，其中振兴工业成为当务之急。当时，我国的公路上，就像开办“万国汽车展览”一样，行驶着130多种不同型号的汽车，但却没有一种是我国制造的。中国人何时能开上自己制造的汽车，成为当时的时代之问。

为了解决这一问题，1951 年 3 月 19 日，政务院财经委员会批准在吉林省长春市建立汽车制造工厂。1953 年 7 月 15 日，第一汽车制造工厂举行了奠基典礼。在奠基仪式之后，“一汽”的建设工程正式启动。这是一项具有重大意义的工程，不仅对我国汽车工业的发展起到了积极推动的作用，也对我国的工业化进程产生了深远的影响。

第一辆解放牌卡车驶下装配线

为了建设好“一汽”，全国上下积极给予大力支持，不仅提供了最先进的机械设备和优质的木材石料，还召集了无数的专家人才和学生志愿者。此外，一些人还自发捐款并邮寄给“一汽”筹建工作组。在建厂时期，全国各地为“一汽”输送了大量干部和技术工人，并对大批青年工人进行了培训。

为了生产出新中国的第一辆汽车，“一汽”技术人员自制了 2335 种汽车零部件，并绘制了 10 多万张各种工装和非标准图纸。“一汽”光描图员就达 100 多人。

正是依靠工人们你追我赶、不服输的干劲儿，“一汽”

我国生产的第一批解放牌汽车下线

建厂5年后，终于研制出第一批汽车。1956年7月13日，是改变中国汽车工业历史的日子，中国人自己制造的第一辆汽车“CA10”型解放牌卡车缓缓驶下了装配线。其中，C代表中国，而A则有第一的含义。

在成功试制解放牌汽车的当天，装配工人对新组装完成的车辆进行了注水和加油。随后，司机迅速进入了驾驶室。随着一阵阵“滴滴”的喇叭声回荡，一辆辆高大的深绿色载重汽车顺利驶出了总装配线。

1956年7月14日，《人民日报》刊登《解放牌汽车试制出来》，其中写道：“汽车在人们狂热的掌声中开到了调整间。这时，工厂的设计部门和工艺部门的工程技术人员立即赶上去，抱着车头，倾听发动机的转动声。当发动机转动声渐渐停止的时候，人群中随着又引起了胜利的欢笑。”

1956年7月14日，首批12辆解放牌汽车开上了长春街头。沿途红旗招展，锣鼓喧天，成千上万的人争先恐后地目睹国产汽车的风采。有人为此还写了副“举国翘盼尽早建成汽车厂，万人空巷人民争看解放牌”的对联。

登上“世界屋脊”的解放牌

“CA10”型解放牌卡车是根据我国的路况和建设需要设计的，它装配直列水冷六缸汽油发动机，功率为66千瓦，最大速度为65千米每小时，载重4吨，每百千米耗油29升。该车型具有发动机启动后均速性好、制动系统安全可靠、结构坚固、使用寿命长等特点，适合我国大规模建设和原材料、燃料供应情况及公路、桥梁负荷等条件。

在解放牌汽车投产后的几年中，“一汽”进行了广泛的调查，以了解该车型在北方极寒和南方潮湿环境下的使用情况。同时，他们还着手改进产品设计，解决了一些关键问题，如改善驾驶室的通风和减轻转向沉重的问题。解放牌汽车遍布全中国，甚至登上了被誉为“世界屋脊”的青藏高原。

一度成为我国公路运输的主力军

解放牌汽车的诞生标志着中国成功实现了自主研发和制造汽车的目标，同时也为中国汽车工业的发展奠定了初步基础。从1956年下线至1986年停产，“CA10”

型解放牌卡车共生产了 128 万辆，这个数字几乎是当时全国汽车产量的一半。这一成就也彰显了当时中国汽车工业的实力和影响力。

“CA10”型解放牌卡车问世后，迅速成为我国城乡交通和公路运输的主力军，量产后还被改装成为公共汽车、加油车、运水车、倾卸车、起重车、工程车、冷藏车以及闭式车厢载重车等不同用途的汽车，满足各行各业的需求。特别是在 20 世纪六七十年代，解放牌汽车驰骋在城市乡村，在我国的工业、农业和国防建设中发挥了重要的作用。第一代解放牌汽车被人们亲切地称为“老解放”，承载着那个时代的光荣与梦想。

我国第一支晶体管诞生

1956 年 11 月的一天，在北京东皇城根的中国科学院应用物理研究所半导体器件实验室，我国第一支晶体三极管诞生了，整个实验室都充满了喜悦的气氛。这一创新的成果犹如一声春雷，震撼了全国。从此，我国与发达国家站在了同一起跑线，正式踏入了半导体新纪元的大门。

这支晶体管的成功研制，标志着我国在多个领域开始应用和探索半导体器件。它不仅推动了相关行业的发展，同时也为开辟新的科学领域提供了新的可能性。这就像是一声号角，引领我们向科学进军，开启新的征程。晶体管的诞生不仅是我国科技发展的巨大成就，更是我国在多个领域实现创新和突破的象征。这一创新成果的

1947年，世界第一支晶体管在美国贝尔实验室诞生

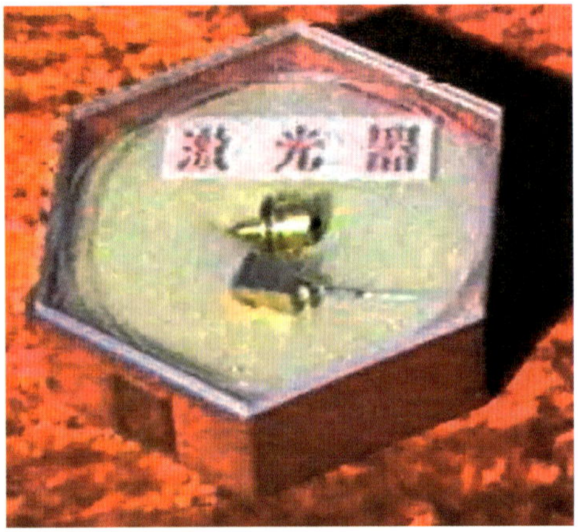

国内第一台半导体激光器

取得，不仅提升了我国的国际地位，也为我国的科技发展开启了新的篇章。

电子工业的一场攻坚战

新中国成立后，我国历经了三年经济恢复期和首个五年计划的实施期，已初步建立起工业化基础。为了更有系统地引领科学研究为国家建设服务，1956 年，中央政府制定了新中国首个中长期科技规划——《1956—1967 年科学技术发展远景规划》。

此规划明确提出了四项“紧急措施”，其中最为关键的一项是立即启动最尖端的半导体技术研究。这无疑是一个前所未有的挑战，因为当时国内在这一领域几乎一片空白：没有专业人才，没有实验仪器设备，甚至连技术参考资料都极为匮乏。

但我国必须从零开始迈出这一步。而首战的焦点，就是研制出我国的第一支晶体管。晶体管，作为现代电器产业的核心元件，在军事和宇宙航行中的关键作用已逐渐凸显。为了在这场全球竞赛中占得先机，各国都投入了巨大的资源和精力。对于我国而言，要实现电子设备的微型化，提高运算能力，晶体管的研制无疑是重中之重。

为此，自 1956 年起，我国发起了一场全面的攻坚战——以中国科学院应用物理研究所和第二机械工业部半导体研究室（现中国电子科技集团公司第十三研究所）为核心，联合了相关科研院所和大专院校的科技人员，集中在中国科学院应用物理研究所进行半导体设备、材料、器件和测试的科研攻关。同时，北京大学接收了五所重点大学选出的师生，致力于培养专业的半导体人才。

这场科技战役，汇集了全国的智慧和力量，更展现出我们对科技自立的坚定决心和信念。

一生难忘的烧结实验

这一段历史，是每一位中国半导体事业者心中的骄傲。那一天，科研人员第一次成功地完成了烧结锗合金管的实验，十分激动与自豪，仿佛是他们发射了一枚火箭，直达云端。

在实验室的中央，那台自制的烧结炉，成为科研人员共同的记忆。科研人员将集电极铟球、锗片、发射极铟球精心地放入石墨模具，再慢慢地推入石英管中。一切准备就绪，实验室里的每个人都聚精会神地注视着石英管，等待着接下来的关键步骤。

科研人员小心翼翼地通入氮气，这是为了确保氢气能够安全地被点燃。一个多小时过去了，实验室里的空气仿佛都凝固了。终于，氮气成功地“赶走”了石英管中的空气。接下来，是充满未知的一步——通入氢气并点火。

这一步，在中国科研实验领域是前所未有的。大家都担心它会引发爆炸。面对可能的危险，科研人员没有退缩，打开氢气瓶，慢慢地将氢气引入石英管中，再小心翼翼地关闭氮气通道。那一刻，所有人屏住了呼吸。当酒精灯在出口点燃氢气，形成一抹娇艳的火焰时，他们的心都提到了嗓子眼。奇迹出现了，氢气顺利地被点燃了，爆炸没有发生！

接下来的日子里，科研人员继续进行锗合金结的研究。尽管过程中遇到了许多困难和多次失败，但他们没有放弃。经过无数次的实验和改进，他们终于在 1956 年 11 月成功研制出了中国第一支锗合金结晶体三极管。这一刻，他们的努力终于得到了回报。

现在，当看到中国集成电路产业每年都在飞速发展时，我们不能忘记那些做出过奉献的科学先驱者，是他们用汗水和智慧铺就了中国半导体事业的基石。他们的故事，是值得我们永远铭记的辉煌篇章。中国的半导体技术高歌猛进，如今已经跃升至世界先进水平，成为一股不可小觑的力量。这一成就不仅是中国科技实力提升的见证，更是为未来的发展奠定了坚实的基础。中国半导体技术的崛起，既彰显了国家在科技领域的坚定决心，也反映了科研人员的不懈努力和聪明才智。

“华夏第一屏”：国产黑白电视机诞生

在中国的历史长河中，有一件特殊的文物，见证了新中国的崛起与变迁，它就是现今被珍藏在国家博物馆中的一台古朴而笨重的黑白电视机。

这台电视机的外壳由厚实的木质材料制成，内部有各种金属元件，5 根玻璃电子管和显像管尤为引人注目。电视机正面四分之三的面积都被一块坚固的保护屏所覆盖，只有一小块显像屏嵌在保护屏正中。电视背板下方印有“国营天津无线电厂制造”“北京牌 820 型电视接收机”等字样，这些字样已有些模糊。站在它面前，我们仿佛能够穿越时空，回到那个充满激情与梦想的新中国初期。

这台电视机的身份非同寻常，它是新中国第一批北

京牌 820 型 35 厘米电子管黑白电视机。在当时的时代背景下，它被誉为“华夏第一屏”，成为中国电视发展史上的里程碑。

做中国人自己的电视机

20 世纪 50 年代中期，全球电视事业已经蓬勃发展，超过 500 个电视台和 4000 万台电视机遍布各地。然而，我国的电视广播事业仍然是一片空白。为了改变这种落后的局面，1957 年，国家决定大力推动电视广播事业的发展。

这一重任落在了电子工业主管部门——第二机械工业部第十局的肩上。他们将电视发射中心设备的研制任务交给了北京广播器材厂，而电视接收机的研制任务则交给了国营天津无线电厂。

国营天津无线电厂接受任务后，迅速成立了一个电视机试制小组。当时的中央广播事业局广播科学研究所正好有一批工程技术人员刚从捷克学习电视技术归来，他们也参与了北京广播器材厂电视发射中心设备的研制工作。为了尽快掌握电视机的设计技术，工厂又派遣工程技术人员前往北京广播器材厂，深入了解和学习电视发射中心设备的研制过程。

在这个过程中，科研人员还收集了一些出国人员带回国内的苏联记录牌、先锋牌电视机作为样机进行研究。通过对这些样机的分析，他们发现苏联电视机的电路设计巧妙、工艺性好、性能优越，但与我国的实际情况不完全相符。这是因为我国的电子工业配套水平与国外还存在较大差距，很多电视机所需的元器件和材料还无法自主生产，所以不能完全照搬国外的设计。

面对这样的困境，他们深知要想在短时间内推出国产电视机，就必须自力更生，走出一条属于自己的研制之路。

第一台黑白电视机试播成功

在 1958 年初，经过一系列紧张的研究和技术准备，研制小组结合我国的实际情况，包括元器件配套能力和工艺加工水平，提出了一个创新的电视机设计方案——采用国产电子管器件，兼具电视和调频接收功能，控制旋钮设在前方。

当时研发的条件非常困难，既没有专门的电视专用仪器，也没有广播电视信号来实际测试电视机的接收质量。然而，我们的科研人员并没有被这些困难打败，他们凭借毅力和智慧，攻克了许多关键技术问题，如大电流磁偏转技术、超高压产生和绝缘技术、电磁干扰隔离和屏蔽技术，以及高保真音视频技术。

根据研制小组的电路设计、结构设计、仪器设计等要求，试验人员夜以继日地工作，经过两个月的努力，终于顺利完成了分块试验。令人振奋的是，第一台试验电视样机终于在 1958 年 3 月初组装完成。

虽然样机已经成功装配出来，但是人们对于它的实际接收效果还是有所担忧。1958 年 3 月 17 日晚，我国电视中心在北京首次试播电视节目。在天津厂的试验大厅里，两台电视机并排而放，一台是来自苏联的电视机，另一台则是我们的自制样机。晚上 7 点整，电视屏幕上准时出现了清晰的图像，声音质量也丝毫不逊于苏联的电视机。这一刻，科研人员意识到，我国第一台电视机试制成功了！

为了纪念我国第一台电视机以及全国第一家电视机

生产厂的产品，国家决定以首都“北京”来为其命名。这就是北京牌电视机的由来。

这台电视机的诞生填补了我国电视工业的空白，开创了从无到有、从少到多、从简到精的电视机发展历程。国营天津无线电厂为国家赢得了荣誉，也揭开了中国电视机产业的崭新篇章。在过去的几十年里，我国电子工业经历了飞速的发展，逐渐建立起完善的生产体系，产业规模不断扩大。

不仅如此，在卫星遥测遥控系统、星载有效负荷、固态远程警戒雷达、综合电子战系统等领域，我国已接近或达到国际先进水平。部分关键元器件的研发也填补了国内空白，展现出我国在科技领域的雄厚实力。

第一颗原子弹爆炸成功

1964年10月16日下午3时，是一个历史性的时刻。在新疆的罗布泊，中国第一颗原子弹爆炸成功。这是新中国成功进行的第一次重要核试验，标志着我国在科技领域取得了重大的突破。这颗原子弹的爆炸，向世界宣告了中国已经掌握了核技术，打破了超级大国的核垄断和核讹诈。

我国第一颗原子弹的成功爆炸，不仅意味着我国的科技水平达到了一个新的高度，而且对于当时我国的国际地位和国防建设有着重要的意义。从此，我国在国际上的地位和声望得到了提高，更加坚定地走上了独立自主的发展道路。

回顾历史，我们可以看到我国的核发展历程充满了艰辛和奋斗。但是，中国人民凭借着智慧和勇气，自力更生，终于在 1964 年实现了自己的核梦想。这一成就的取得，不仅是中国人民的自豪和荣耀，也是世界科技发展史上的一个重要里程碑。

我国核工业建设拉开序幕

20 世纪 50 年代中期，全球核威胁与军备竞赛逐渐升温。在此背景下，为了保卫国家安全与维护世界和平，中国做出了重大决策——开启核工业建设。1955 年 1 月 15 日，中共中央书记处扩大会议召开，讨论中国原子能事业的发展。科学家李四光、钱三强等就核反应堆、原子弹原理及中国核科学研究进行了汇报，这为我国原子能事业的发展奠定了基础。不久后的 1 月 31 日，国务院原子能小组成立，标志着我国核工业建设的正式启动。

1956 年，《1956—1967 年科学技术发展远景规划》出台，原子弹的研发被列为重点。从此，全国上下齐心协力，共同投身于核工业建设。

然而，在 1959 年，苏联撤走了有关专家，加之国内经济环境恶化，我国原子能事业面临巨大挑战。但中央政府坚定信念，强调“埋头苦干，发愤图强，自力更生，奋勇前进”，更是制定了在 1964 年进行第一颗原子弹试验的规划。

1962 年，我国遵循“缩短战线，任务排队，确保重点”的原则，集中力量进行关键技术攻关。同时，全国范围内的技术骨干被选调并充实到研制队伍中，大大加速了核武器研制与试验的进程。

铀 -235 提炼成功

我国的第一颗原子弹，其制造过程不循常理，采用内爆法铀弹，跳脱了西方预期的钚弹路线。在制造这颗原子弹的过程中，我们未盲目跟随其他核大国的老路，而是选择了使用具有挑战性的铀 -235。

铀 -235 的提炼，堪称一场技术与耐心的较量。从南方的矿山挖掘，到北方的工厂精炼，其过程之繁复、技术要求之高，令人惊叹。每一个环节都凝聚了无数科研工作者的智慧与汗水，他们以卓越的才智和坚定的信念，攻克了一个又一个技术难关。其中，气体扩散机上的核心元件——扩散分离膜，是这项技术的核心所在。

当时，仅有美、苏、法三国掌握了这项技术。然而，中国科研人员不畏艰难，凭借坚韧的毅力和创新的精神，终于在 1963 年初成功研制出性能达标的甲种分离膜元件，使我国成为世界上第四个能独立研制扩散分离膜元件的国家。

我国第一颗原子弹所采用的内爆法铀弹，不仅是科技力量的展现，更是国家自信的象征。这一成果，令世界震惊。我们用自己的智慧和力量，走出了一条属于自己的核科技之路，为保障人类和平做出了重要贡献。

原子弹试爆成功

原子弹的研制，离不开一群卓越的科研人员，如邓稼先、朱光亚、何泽慧和郭永怀等人，在 1958 年成功地启动了我国第一座实验性反应堆。

接下来的几年里，我国科研人员和中国科学院原子能研究所携手合作，致力于脉冲中子测量、临界试验物理方案和中子源的研究与试制。同时，他们与西北核试验基地共同研制出燃耗分析方法，并在核试验中取得了卓越的成效。

1961 至 1962 年，核武器研究所完成了理论设计和爆轰物理试验、飞行弹道试验等关键性试验，为原子弹的装置技术设计提供了必要的准备。1963 年成功完成了缩小尺寸的局部爆轰试验，并于次年 6 月顺利进行了全尺寸爆轰模拟试验。

在众多科研人员的共同努力下，原子弹核试验的所有准备工作已就绪。终于在 1964 年 10 月 16 日下午 3 时，新疆罗布泊荒漠上空腾起了巨大的蘑菇云，标志着中国第一颗原子弹爆炸成功。这一刻，“东方巨响”震惊了世界。

在原子弹的研制过程中，中国人民展现出了热爱祖国、无私奉献、奋发图强、艰苦奋斗、协同合作、勇于登攀的精神。这种精神不仅鼓舞着中华儿女不断向前，也将永远铭刻在人类历史的长河中。

开启人工合成蛋白质的新篇章：合成结晶牛胰岛素

人工全合成结晶牛胰岛素五十周年纪念邮票

在人类和动物体内，有一种神奇的细胞，它所分泌的激素名为胰岛素。胰岛素有降低血糖和调节体内糖类代谢的神奇功能。你可能不知道，胰岛素其实是一种蛋白质。蛋白质在生物体内的重要性无可替代，因为生命活动主要依赖于蛋白质的运作。

1965 年的 9 月 17 日，是一个载入史册的日子。我国的科技工作者们经过 6 年多的努力，终于在世界上第一次人工合成了具有生物活性的蛋白质结晶牛胰岛素。这一成果是我国科学领域的一项重大突破。这次实验的成功，使中国成为全球第一个成功合成蛋白质的国家，标志着人类在探索生命奥秘的道路上，迈出了关键而重要的一步。

胰岛素的发现

在人类历史的早期，糖尿病被视为无法逾越的障碍，只要患上，患者仿佛就被判了死刑。但历史证明，无论面临何种困境，人类总能找到转机。在这个看似无解的难题中，是否也隐藏着转机？

20 世纪初，美国的礼来公司破冰前行。他们从屠宰场的动物胰脏中分离出一种神奇的物质——胰岛素。这一发现不仅打破了糖尿病无法治愈的定论，更开启了人类与糖尿病抗争的新篇章。

1955 年，英国科学家桑格再创辉煌，他不仅确定了胰岛素的结构，更完成了胰岛素的纯化工作。他的杰出贡献让他在 1958 年荣获诺贝尔化学奖，也使胰岛素成为治疗糖尿病的重要工具。今天，胰岛素已广泛用于临床，让无数糖尿病患者得到治疗。

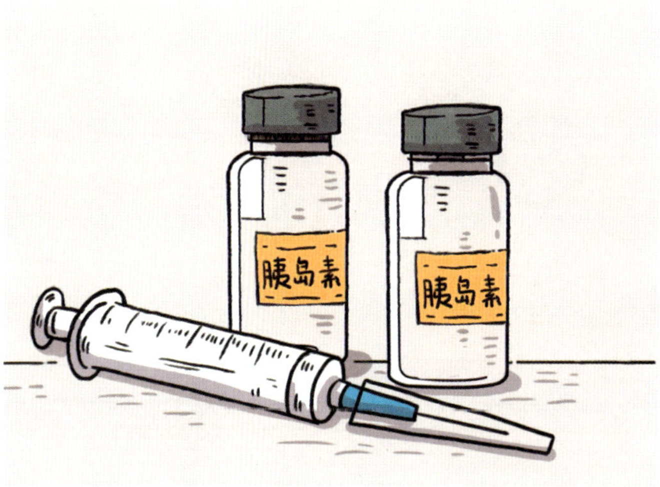

人工合成胰岛素

随着全球糖尿病患者数量的激增，仅依赖从动物胰脏中提取胰岛素已无法满足需求。于是，人工合成胰岛素的研发成为当务之急。需要注意的是，广义上的首次人工合成胰岛素并非中国人的成果。据英文维基百科记载，“首次合成”的荣誉归属于两位科学家，分别是美国匹兹堡大学的帕纳约蒂斯·凯特索安尼斯和德国（西德）亚琛工业大学的赫尔穆特·查恩，他们的合成工作完成于 20 世纪 60 年代初。尽管美国和德国的科学家早于中国公布了合成成果，但他们并未获得胰岛素结晶，且合成的产物活性较低。

中国科学家从 1958 年开始，由中国科学院上海生物化学研究所、中国科学院上海有机化学研究所和北京

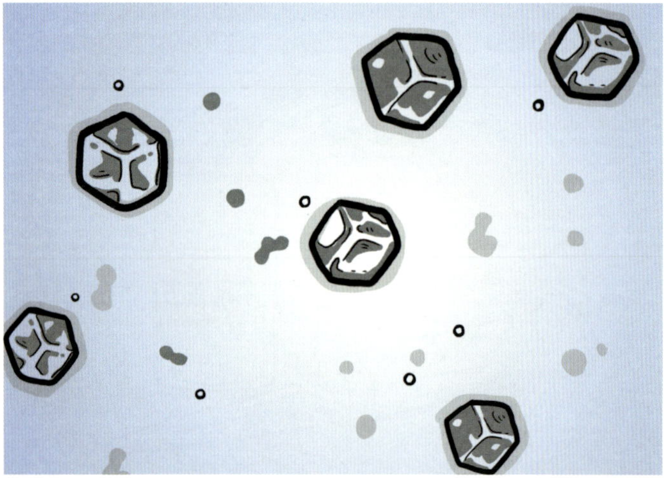

人工合成牛胰岛素蛋白结晶

大学化学系联合开展研究。在借鉴前人对胰岛素结构和肽链合成方法的研究基础上，他们决定尝试通过化学方法合成胰岛素。经过周密规划，研究过程分为三步：首先，探索将天然胰岛素的 A、B 两条链重新组合为胰岛素的可能性；其次，分别合成胰岛素的两条链，并成功将人工合成的 B 链与天然的 A 链结合生成半合成的牛胰岛素；最后，经过小鼠惊厥实验，证明纯化结晶的人工合成胰岛素具有与天然胰岛素相同的活性。

这一重大成果得到了世界顶级科学期刊《科学》的关注，其在 1966 年的报道中特别指出中国科学家在人工合成胰岛素领域的突破性贡献。这一里程碑式的成就在全球范围内得到认可，也为中国在生物化学领域的科学研究树立了新的标杆。这一成功不仅打破了科学研究的局限，更在人类对生命奥秘的探索中，迈出了决定性的一步。

结晶牛胰岛素的首次人工合成，是科学界的重大成就，也推动了生命科学领域的前进，开启了人工合成蛋白质的新篇章。在我国基础科学研究，尤其是生物化学领域中，这无疑是一个重要的里程碑。

第一颗氢弹试爆成功

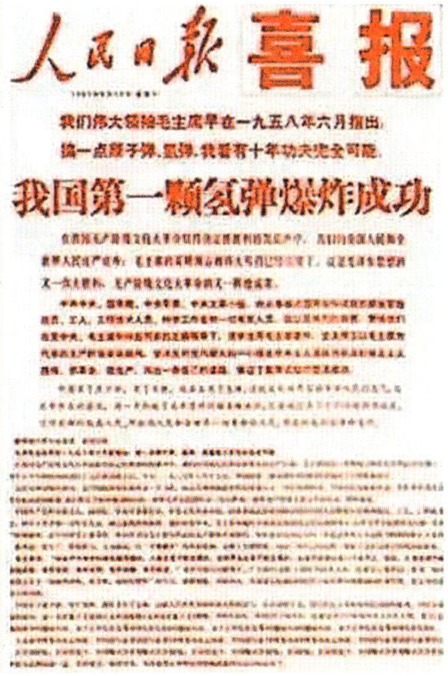

人民日报　喜报

我们伟大领袖毛主席早在一九五八年六月指出，

搞一点原子弹、氢弹，我看有十年功夫完全可能。

我国第一颗氢弹爆炸成功

当时的《人民日报》刊登氢弹试爆成功喜讯

1967年6月17日的新疆罗布泊，一道比太阳还要炫目的光芒冲破天际，我国首颗氢弹在蓝天之下轰然起爆，盛开的蘑菇云如同擎天巨柱，那光辉照亮了在场每一个人的脸庞。这是我们国家核武器发展历程中崭新的里程碑，向全世界宣告中国已经打破超级大国的核垄断，站在了新的历史起点上。从原子弹到氢弹，我们只用了短短的两年零八个月，这一速度超越了所有已知的记录，我们以自己的智慧和力量书写了新的历史篇章。

这朵蘑菇云，它的诞生过程是如此不易。在那个物质匮乏、技术落后的年代，科研人员们是如何克服重重困难，完成这一伟大壮举的？背后隐藏着多少感人至深的故事？

神秘的“乙项任务”

在 1960 年那个特殊的时期，中国的原子能研究面临着重重挑战。时任第二机械工业部副部长、原子能研究所所长的钱三强，一直在寻找突破的机会。经过深思熟虑，他做出了一个大胆的决定——在中科院原子能研究所第四研究室增设一个工作组，保密代号为“乙项任务”。

这个“乙项任务”究竟有何神秘之处？为何要如此保密？原来，它的设立是为了一个更加宏伟的目标——氢弹的研制。是的，中国决定研制自己的氢弹，打破核垄断，捍卫国家尊严。

当时的国际形势异常严峻，美国、苏联和英国的核技术如同一座座高山，让其他国家望而生畏。他们遏制其他国家掌握核能力，并通过地下核试验不断升级自己的核武器。在这样的背景下，中国的氢弹研制工作不得不提前布局。

与原子弹相比，氢弹的技术难度更大，它不仅是量的突破，更是质的飞跃。它的研制需要全新的原理和更高的科技水平。然而，钱三强等科学家坚信，只要早做规划、早启动，中国一定能够成功掌握氢弹技术。

于是，1960 年底，“乙项任务”悄然启动。在中科院原子能研究所第四研究室里，一群勇敢的科学家开始了氢弹理论的探索。他们日夜奋战，攻克了一个个技术难关。

艰难困苦搞科研

“乙项任务”工作组建立后，科研人员立刻投入到氢弹技术的理论探索中。但是，我国在氢弹领域的研究

完全是一张白纸。氢弹项目到底该从哪里开始？这让他们犯了难。

除了缺乏经验技术的支持，研制团队还面临着另一个问题，那就是当时国内只有一台运算速度为每秒5万次的计算机在上海，而那时正是原子弹理论寻求突破的时候。为了给原子弹研究让步，于敏和一批同事只能利用手摇计算机和计算尺来进行计算，常常半跪着把自己埋在数以万计的运算纸带里。经过100多个昼夜的计算，他们竟从纷繁复杂的海量数据中理出了头绪、找到了突破点。

那时，我国正在遭受大面积自然灾害，每人每月的粮食定量被压缩。就是在这样异常艰苦的条件下，科研人员摸索研究5年后，终于在1965年，氢弹的研究取得了突破性成就，氢弹的研制终于加快了脚步。1966年12月28日，我国进行了氢弹原理试验。试验结果证明，我国已在短时间内独立掌握了氢弹原理。接下来要做的就是材料准备、加工和装配了。如何装配和引爆威力巨大的氢弹又成为新的问题。科研人员们又是如何解决这个难题的呢？

降落伞投爆

1964年，我国原子弹的爆炸试验是采用塔爆的形式。由于氢弹的威力远大于原子弹，采用塔爆对地面的影响极大，我国的科学家们提出了空爆的方式。

空爆设计团队提出了两个方案：一个是用气球来引爆氢弹，一个是用降落伞投爆氢弹。由于气球的不可控因素太多，因此设计团队决定采用降落伞的方式投爆氢弹。

为了设计降落伞的自动开伞装置，科研团队的工作人员奔走在全国各地的制伞单位间。最终顺利解决装置问题。

1967年6月17日早上7时，装载氢弹的轰-6飞机准时起飞，向着投掷地点的十字靶标飞去，工作人员们早早来到了观测现场等候。上午8时20分，一声巨响，一个巨大火球出现在人们眼前，空投的氢弹成功爆炸了。至此，中国成为世界上第四个掌握氢弹技术的国家。

万吨级远洋货轮“东风号”通过验收

主持设计万吨级远洋货船“东风号”的中国科学院院士许学彦

“东风号”远洋货轮，是新中国成立以来首艘完全自主设计、建造的大型船舶。它不仅全部使用了国产的材料和设备，更展现了新中国的工业实力和创新能力。这艘巨轮由江南造船厂精心打造，于1965年正式交付使用，并在1968年1月8日顺利通过国家验收。这标志着“东风号”的全面完工。

“东风号”货轮的规格令人瞩目，其总长161.4米，船宽20.2米，船深12.4米。这艘万吨级货轮的载重量高达1.3488万吨，排水量则达到1.7182万吨，显示了其强大的运输能力。“东风号”的诞生，不仅提升了我国的船舶设计、建造工艺水平，更是在我国船舶工业史上开创了新的篇章。它为我国后续批量建造万吨级以

上大型船舶，为我国船舶工业的蓬勃发展奠定了坚实的基础。

造中国人自己的万吨巨轮

当时，制造万吨巨轮承载着无数中国人的梦想。为了追赶世界的步伐，国家号召：“要制造大船、快艇。”这无疑给造船厂的工人、干部和技术人员注入了强大的动力。他们立下豪言壮志，决心打造出属于中国人自己的万吨轮船。

经过无数个日夜的辛勤努力，1958 年 11 月 27 日，一个历史性的时刻终于到来，“567”型万吨级远洋货轮“跃进号”顺利下水。这艘巨轮可以装载谷物、杂货，航行于世界的任何一个角落。尽管这是新中国建造的第一艘万吨级远洋货船，但它并非完全自主制造，而是在苏联的技术和设备支持下完成的。因此，严格意义上来说，它是一艘“DIY 作品”（自制作品），谈不上“自主知识产权”。

当时，中央领导高瞻远瞩，明确指出：要在自力更生的基点上把转让制造同改进提高和国产化相结合，走自我研制的发展之路。

打响自主设计第一炮

江南造船厂历史悠久，修造过无数船只。但这一次，他们面临着前所未有的挑战——建造国内自行设计的万吨船。设备、技术缺乏，困难重重，但这并未让他们退缩。

放样，这第一道工序，就让他们遇到了场地不够长的问题。但放样工人们不墨守成规，他们积极探索，巧妙运用按比例缩小四分之三的方法，解决了这一难题。更进一步，他们采用线型活络多用样板替代单用样板，大大提高了效率。结果令人惊喜，他们仅用 12 天就完成了原计划 15 天的放样下料任务，打响了漂亮的第一炮！

此前，江南造船厂一直采用双岛式建造法。这种常用的建造方法作业面积广，焊接部位不易变形，适合建造大吨位船只。但为了追求更快的装配速度，他们决定进行改革创新，用三岛式建造法替代了过去的双岛式建造法。这一变革使万吨轮底板一上船台，即可分三路同时施工，速度提高近 5 倍！

围绕万吨轮的生产技术关键环节，江南造船厂进行了 300 多项重大技术革新，改进工艺和设计 180 余处。工厂机械化程度从原来的 37.9% 跃升至 97.8%。这些技术革命项目的实现，为万吨巨轮的顺利下水创造了条件。

1960 年的春天，巨轮船壳顺利组建完成。4 月 15 日，新船下水典礼隆重举行，并正式命名该船为“东风号”。这一刻，标志着江南造船厂在万吨船的建造上取得了重大突破。

全国大协作共造万吨巨轮

在船壳顺利下水之后，造船厂的工作重心转向了船体的构建。在“东风号”轮船的设计和建造过程中，特别是在船用配套设备的研制上，我们坚定地走上了自主研发的道路。

作为船舶的“动力心脏”——柴油机，由当时第一机械工业部第九局产品设计四室、沪东造船厂、上海船舶修造厂、上海交通大学、新中动力机厂等五家单位联手制造。他们共同组成了一个产、学、研“三结合”的设计组。在图纸设计完成后，柴油机的生产任务由沪东

万吨远洋货船“跃进号”纪念邮票

造船厂、上海船舶修造厂和新中动力机厂三家单位同时承担，并最终由沪东造船厂承担试制工作。

然而，由于缺乏必要的技术和经验，初期生产的柴油机问题重重。面对挑战，技术团队不畏艰难，经过反复的修正、改进、试验分析和整机调试，历时近五年，终于解决了所有的问题。

“东风号”轮船是全国大协作的产物。它的船用高强度低碳合金钢材，由冶金部钢铁研究所与鞍山钢铁公司共同研发，并由鞍钢生产。船用主机——中国第一台8820 马力的低速柴油机，也由沪东造船厂成功试制。此外，上海航海仪器厂试制了中国第一套船用电罗经。而其他船用辅机、仪表仪器等配套设备，则是由 18 个部、16 个省市所属的 291 家工厂和院校提供的，他们为“东风号”轮船提供了 2600 多项器材和设备，其中包括 40 余项新试制的船用产品。

1965 年 12 月 31 日，“东风号”轮船竣工交船。次年，经过国家船舶检验局的严格检验，它在快速性、装载量、钢材消耗量和机舱长度等各项指标上均达到了国际先进水平。

南京长江大桥通车

1968年12月29日，南京长江大桥正式通车，它虽然不是第一座长江大桥，却是长江上第一座由我国自行设计和建造的双层式铁路、公路两用桥梁，在中国桥梁史乃至世界桥梁史上具有重要意义。

南京长江大桥位于南京市鼓楼区下关和浦口区桥北之间，是南京标志性建筑，是20世纪60年代中国经济建设的重要成就、中国桥梁建设的重要里程碑，具有极大的经济意义、政治意义，有“争气桥”之称。

南京长江大桥的建成，标志着我国完全能够依靠自己的力量在长江上建设特大型桥梁，也充分体现了我国桥梁建设队伍奋发图强的精神和高度的主人翁责任感。自那之后，长江对于南北两岸的中国人民来说，再也不

南京长江大桥胜利建成纪念邮票

是一条不可逾越的天堑。一座座宏伟的桥梁出现在长江之上，让长江两岸的人们能够互通有无，彼此紧紧地团结在一起。

历史印记

自古以来，长江被看作难以逾越的天堑，旅客和货物只能依靠大小船只运输，交通十分不便。人们曾两次尝试在南京下关与浦口间架桥，但因技术问题，最终都不了了之。

新中国成立后，1956 年，经国务院批准，铁道部着手南京长江大桥的勘测设计。这项沟通南北的伟大工程终于拉开了帷幕。

南京长江大桥正桥长 1576 米，其余为引桥。大桥正桥为钢桁梁结构。大桥上层为 4 车道公路桥，全长 4588 米。公路桥的引桥采用富有中国特色的双孔双曲拱桥形式，同时又增加了回龙桥的设计和桥头堡临江侧的观光平台，并对该平台采用了独立的浮阀结构。双曲拱桥的平面曲线部分采用“曲桥正做”，即用类似横梁拼装出曲线，降低了结构计算难度的同时又兼顾了经济性、美观性。大桥下层为 14 米宽、双轨复线的铁路桥，全长 6772 米，设有单独的铁路引桥。南北铁路引桥共长 5196.16 米，北引桥落地后通往京沪铁路林场火车站，南引桥落地后通往南京火车站。

1.“争气钢”

1960 年，大桥建造开工，桁架、沉井都需要大量钢材。国家将研制钢材这项艰巨的任务交给了鞍山钢铁公司，鞍钢通过多方努力，于 1963 年开始正式生产 16 锰低合金桥梁钢。这种钢每平方毫米能经受 33—35 千克的拉力，强度比武汉长江大桥用的钢材提高了 30%，为我国架设大跨径钢梁奠定了坚实的物质基础，为人民争了气，也为祖国争了光，因此有了“争气钢”之称。

2. 桥墩技术

长江南京段水深流急，水下的泥沙覆盖层厚，江底岩层情况又极复杂。设计师在没有外援帮助和案例参考的情况下，根据不同的水文地质情况，对 9 个桥墩采用了 4 种类型的管柱基础和沉井基础，更是对位于江心水流最深处的 7 号墩创造性地提出用钢筋混凝土代替纯钢的施工方案，最终让南京长江大桥稳稳“站”在湍急水

流之中。

时代艺术

桥，连通山水，点缀自然，也是实用与艺术的融合体。梁的平直、索的凌空、拱的韵味，无不摇曳着艺术的风采。而在南京长江大桥的艺术性设计中，最出彩的便是它的桥头堡。

大桥正桥南、北两端各设大桥头堡一对、小桥头堡一对，分立于大桥两侧。大桥头堡高高凸出公路桥面，顶端为钢制三面红旗，呈飞跃前进状；小桥头堡体量略小，凸出公路桥面的部分为5米高的灰色“工农兵学商”混凝土群像。桥头堡桥面以下部分的红色大幅标语，体现出了社会主义建设的特征及全国人民的精神风貌，具有永久性纪念意义。

在大桥的正桥、南北大小桥头堡及公路引桥上，设计安装了装饰灯具（1404套）、装饰彩灯（32000多只）。夜晚亮灯时，大桥宛如彩虹飞跨大江南北，其主体呈现出立体景象。

2016年10月28日，大桥和公众暂别，进行封闭式维修。2018年12月29日重新通车，这是大桥建成后，维修时间最长、工程量最大且最为彻底的一次。修缮后，与旧桥面相比，新桥面可以减少桥梁下方铁路运营对公路桥的影响，耐久性和稳定性得到提高，行车舒适性得到大幅度提升。维修改造维持原设计荷载等级，保持原桥风貌。

南京长江大桥（刘成贺摄）

“东方红一号”卫星发射成功

“东方红一号”卫星纪念邮票

1970 年 4 月 24 日，中国首枚运载火箭“长征一号”搭载着中国首颗人造地球卫星“东方红一号”成功发射，卫星进入预定轨道，连续工作 28 天（设计寿命 20 天），取得了大量的工程遥测数据。

“东方红一号”卫星的成功发射，是 20 世纪震撼世界的重大事件，它宣告着一个东方航天大国的崛起。“东方红一号”卫星作为“两弹一星”的重要组成部分，成为中国科技强国战略的重要标志之一，载入中华民族伟大复兴的史册。

造中国人自己的人造卫星

1957 年 10 月，世界上首颗人造卫星在苏联发射成

功。仅仅几个月后，美国的航天技术也取得了突破，成功发射了属于他们的人造卫星。我国高度重视航天事业，努力发展人造卫星技术。

国防科委提交了发射我国第一颗人造地球卫星的报告，获得中央批准。这个决定，标志着一个全新的起点，也意味着中国的航天事业将迎来更加激动人心的时刻。

为了确保万无一失，中国科学院领导全国的科学精英，在北京召开了中国第一颗人造地球卫星总体方案论证会（即“651”会议）。这次会议，不仅对卫星的总体规划、第一颗卫星方案、地面观测系统等进行了深入的探讨和规划，更是达成了共识：中国的卫星要在质量、寿命、技术上超越美苏。

会议决定将中国第一颗人造地球卫星命名为“东方红一号”，寓意着中国的航天事业如同东方升起的红日，充满希望和活力。会议同时决定在卫星上播放《东方红》乐曲。

1968年2月20日，中科院所属的“651”卫星设计院、自动化研究所、北京科学仪器厂等十余家科研单位以及当时的第七机械工业部部分骨干一起组建了中国空间技术研究院，钱学森兼任院长。“东方红一号”卫星便由中国空间技术研究院负责研制。这是一个全新的开始，也是中国航天事业迈向世界舞台的重要一步。

与此同时，全国各地预研和试制项目的准备工作也在紧锣密鼓地进行着。无论是分系统还是元部件的研制，“东方红一号”卫星的工程研制工作都进入了全面展开阶段。

上得去、抓得住、听得着、看得见

发射人造地球卫星是一项极为复杂的工程。它涉及研制、生产、发射、测控等多个环节，每个环节都需要精细的操作和卓越的技术。更重要的是，这一工程必须满足国家提出的“上得去、抓得住、听得着、看得见”的技术要求。这12个字，简明扼要地概括了“东方红一号”卫星的总体目标和面对的挑战。

科研人员面对的首要挑战是“上得去”。为了将重达173千克的卫星准确送入预定轨道，运载火箭必须具备强大的推进能力。科研人员精心策划了一个“两结合”方案：运用中远程导弹技术和探空火箭技术共同完成发射任务。经过无数次的试验和改进，他们成功地将卫星

送入了预定轨道。

接下来是“抓得住”，要精确掌握卫星在太空中的位置。科研人员运用多普勒原理，通过无线电波频率的变化来测量速度和距离。经过反复的计算和验证，他们成功地构建了卫星测轨方程式，可以随时监测卫星的位置。

然后是“听得着”，要让卫星在太空中奏响《东方红》。为了实现这一目标，科研人员研发出了具有高稳定度的音源振荡器，用程控线路产生的节拍来控制发音。经过无数次的试验和调整，他们终于让《东方红》的旋律在太空中悠扬回荡。

最后一道难关是“看得见”，要让普通人能用肉眼看到在太空中运行的卫星。这需要提升卫星亮度；同时，“东方红一号”卫星直径仅有1米，这也增加了“看得见”的难度。科研人员从折叠伞的收缩打开的原理中得到启示，最终通过特殊的材料设计让卫星在夜空中发出如四等星的光芒。

为了保证卫星在恶劣的太空环境中稳定运行，科研人员研发了一套创新的温控系统。这套系统能够自动调节卫星内部的温度，使其保持在一个恒定的范围。同时，还设计了一种巧妙的零耗电方案，通过利用其他仪器在工作时产生的热量，让卫星整体能够自行调节温度，从而大大降低了耗电量。这一创新性的解决方案不仅节省了能源，而且使卫星在太空中能经受住极端温度变化的考验。

“东方红一号”顺利发射

在克服重重困难后，我国终于成功研制出了卫星和运载火箭。那是一个历史性的时刻，1970年4月24日，在中国酒泉卫星发射场，“东方红一号”卫星由“长征一号”运载火箭发射成功。只见火箭拔地而起，直冲云霄。仅仅10分钟后，这颗卫星便顺利进入了预定轨道。

这一刻，中国航天史翻开了新的篇章。我国成为继苏、美、法、日之后，世界上第五个自行研制和发射人造卫星的国家。这个伟大的成就，是中国人民智慧和勇气的结晶。为了纪念这一历史性的时刻，国务院批复同意，将“东方红一号”卫星的发射日——4月24日，定为“中国航天日”。“东方红一号”是中国航天之路的起点，也是中国航天事业永远的历史丰碑。

核潜艇“长征1号”正式下水

“长征 1 号”核潜艇是中国自行研制建造的“091型”核潜艇，由中国船舶重工集团公司第七一九研究所设计，渤海造船厂建造。该艇于 1970 年 12 月 26 日下水。1974 年 8 月 1 日，中央军委发布命令，将这艘核潜艇命名为“长征 1 号”，正式编入海军战斗序列。“长征 1 号”核潜艇在 2000 年退役，后经内部修整后于 2017 年 4 月 24 日向公众开放展示。

中国第一艘核潜艇，凝聚了千千万万科学家、干部、工人、水兵的心血，是整个中华民族聚合力的结晶。它的诞生标志着我国舰艇装备技术已发展到了一个新阶段，表明了中国人民赶超世界先进水平的决心。

齐心协力造核潜艇

20 世纪 50 年代初期，在战火硝烟中组建不久的中国人民解放军海军，确定了“以现有力量为基础，重点发展海军航空兵、潜艇和鱼雷快艇等新力量（简称‘空、潜、快’），逐步建设一支强大的海军”的建军方针，决定优先建设潜艇部队，并选派官兵成立潜艇学习队，向苏联海军学习相关知识技术。

1954 年，世界上第一艘核潜艇“鹦鹉螺号”在美国建成下水。此后，英国、法国、苏联等大国都相继研制成功了自己的核潜艇。核潜艇无与伦比的优越性能和强大的作战能力，如同核武器那样再次震动了新中国第一代领导集体。

1958 年 6 月，中国开始了研制核潜艇的艰难历程。当时的中国一穷二白，而拥有核潜艇的美国、苏联又对中国实行核技术封锁。因此，可供科研人员参考的只有两张模糊不清、从外国报纸上翻拍的核潜艇照片，一件从西方玩具店买来的核潜艇模型。但是社会主义国家集中精力办大事的优越性再一次体现出来。就是在这种异常艰难的环境下，全国 20 多个省市的 2000 多个科研单位、工厂，群策群力，攻克了一个又一个难关。

艰苦卓越的创新历程

为推动核潜艇的研制，我国在舰艇研究院专设核潜艇研究所。该研究所负责核潜艇的总体设计，展开对核动力装置、潜艇线型、耐压艇体、空调系统、水声、导航、通信七大关键技术的攻关。

1966 年，“长征 1 号”开始总体设计，边设计边建造。同年 11 月，确定了核潜艇的艇体、主要系统和其他各项总体性能等的初步设计，完成了各种图纸资料 100 多份。

核潜艇体积庞大，其建造过程更是难上加难，所有设计人员都是第一次参加核潜艇设计，没有十分准确的把握。为了确保安装质量，当时的第六机械工业部决定设计建造一个 1：1 的核潜艇木质模型。千余名设计人员和工人经过两年多的时间，用廉价的木料、金属、塑料管和硬纸板等材料，于 1969 年建造了一个逼真的 1：1 全尺寸核潜艇模型。通过现场设计、模拟安装、操作、维修，发现和解决了大量问题，为首艇设备装艇提供了样板，保证了总体施工和建造安装一次成功。

1968 年 5 月，首制核潜艇开始在渤海造船厂试样。当年 11 月，总体建造正式开工，第一阶段是分段建艇体，1970 年 4 月完成了总体试水。第二阶段是安装设备，从主机、电缆、仪表到核反应堆部件采取平行交叉的方式作业。1970 年 12 月 26 日，中国第一艘攻击型核潜艇终于下水。第三阶段是码头系泊试验，1971 年 3 月完成了水中舾装工作，紧接着是进行反应堆装料。同年 6 月，反应堆达到临界状态。1971 年 8 月，核潜艇首次出海进行航行试验。核潜艇先后出海 20 余次，进行各种试验近 200 项，累计航程 6000 多海里。整个实验过程充分表明，中国自行研制的核潜艇是成功的！

青蒿素成功提取：中国献给世界的礼物

“青蒿一握，以水二升渍，绞取汁，尽服之。”这句来自中国古代典籍《肘后备急方》的记载，使我国卓越的科学家屠呦呦受到启发，在 1972 年 11 月 8 日成功提取出了青蒿素。这一重大发现为抗击疟疾开辟了全新的道路。

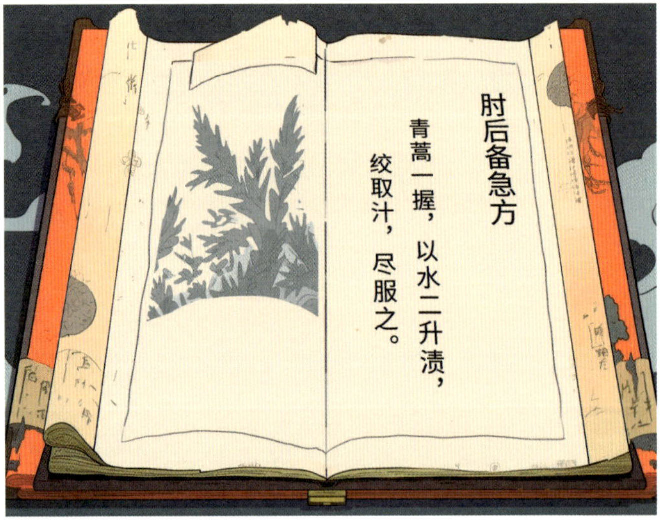

青蒿素，这一源于古老中药材的神奇物质，经过科学之手，成为拯救生命的现代良药，被誉为“拯救 2 亿人口”的发现。屠呦呦的贡献不仅在于提取出青蒿素，更在于她带领团队以青蒿素为基础开发出复方药物，让其成为治疗疟疾的首选药物。世界卫生组织将这种复方药物纳入疟疾防治指南，这意味着全球范围内的抗疟行动有了更为明确的指导方案。

进入 21 世纪以来，青蒿素及其衍生物在全球范围内广泛应用，成为抗疟一线药物。据统计，2000 年至 2015 年期间，全球疟疾发病率下降了 37%，疟疾患者的死亡率下降了 60%，总计 620 万人的宝贵生命得到挽救。

严重危害人类健康的疾病

疟疾，中国民间俗称“打摆子”，是由疟原虫寄生人体后引发的一种恶性疾病，是严重危害人类健康的世界性重大流行性疾病之一，已经在全球肆虐了几千年。患者得病后高烧不退、浑身发抖，重者几天内就会死亡。20 世纪 60 年代，疟疾再次在东南亚爆发。在越南战争中，疟疾成为比飞机、大炮更可怕的敌人。

1967 年的春末夏初，一场大会在北京召开，悄然揭开了新中国抗疟新药研究的序幕。这场集结了国家部委、军队及各地精英的会议确立了“523 项目”。

“523 项目”肩负着寻找新抗疟药的重任。科研人员从两大方向着手：一是化学合成，二是从传统中药与民间草药中寻找线索。在这场科研的探索中，一个名为“中医中药专业组”的团队脱颖而出，他们坚信传统中药中藏有治愈疟疾的秘密。

在接下来的岁月里，无数科研人员投身于这个伟大的使命中，他们走遍了高山、草原、深林，只为寻找那一抹希望的曙光。正是他们的努力与坚持，为新中国抗疟事业书写了辉煌的一页。

古籍“淘宝”，挖出惊世良药

1969 年，屠呦呦以中国中医研究院科研组组长的身份加入“523 项目”，开始抗疟中药研究。

一天，当屠呦呦读到东晋葛洪撰写的《肘后备急方》时，其中一句话猛然提醒了她：“青蒿一握，以水二升渍，绞取汁，尽服之。”屠呦呦当即就想：浸泡、绞汁？干吗不用水煎呢？是否害怕水煎的高温或酶的作用破坏了青蒿的疗效？

如此一想，屠呦呦就改用将温度控制在 60℃的乙醚冷浸法处理青蒿，然后将提取物注入染有鼠疟的小白鼠，发现对鼠疟的抑制率一下子有了明显的提高。这结果让屠呦呦非常兴奋，也证明了低温提取是保障青蒿疗效的一大关键。随后，她进一步改用低沸点溶剂处理青蒿，得到的提取物疗效更好更稳。1971 年 10 月 4 日，屠呦呦提取到 191 号（即第 191 次实验）药物样品时，发现所做的动物实验惊人地显示出对疟原虫 100% 的抑制率。屠呦呦和她的科研小组成员欣喜若狂。

在深入研究过程中，屠呦呦成功地将青蒿提取物分为中性和酸性两部分。然而，后者不仅毒性强烈，而且不具备抗疟效果。因此，屠呦呦果断地去除了这一部分，从而消除了中草药潜在的毒性副作用。

1972 年 3 月，在南京召开的中草药专业组会议上，屠呦呦报告了关于青蒿对鼠疟原虫近期抑制率可达 100% 的实验结果。这一发现引起了全体与会者的极大关注。

解决了长期困扰医学界的难题

1972 年 8 月至 10 月，屠呦呦团队针对青蒿乙醚中性提取物进行了临床研究。这一研究涉及了 30 例恶性疟和间日疟患者，结果令人欣喜：所有患者均取得显著的治疗效果。同年 11 月，团队成功分离出抗疟有效单体化合物的结晶，并将其命名为“青蒿素”。

随后，广东、江苏、四川等地纷纷采用青蒿素和青

蒿简易制剂治疗疟疾患者。据统计，在治疗的 2000 例患者中，青蒿素治疗了 800 例，有效率高达 100%；而青蒿素简易制剂治疗了 1200 例，有效率也在 90% 以上。这些成果有力地证明了青蒿素的药效。

国家对此高度重视，并要求加快新药的研发进程。不负众望，新药于 1975 年研制成功，并于 1979 年通过国家鉴定。随后，青蒿素于 1986 年获得卫生部颁发的新药证书。能进一步凸显青蒿素类药物优点的双氢青蒿素（青蒿素的衍生物）在 1992 年获得新药证书，其临床药效比青蒿素高出 10 倍之多。

青蒿素的发现为人类带来了全新的抗疟药结构类型，为那些对喹啉类药物产生耐药性的疟疾患者提供了新的希望。这不仅是中国医学界的一大成就，更是对全人类健康事业的巨大贡献。

最强大脑：百万次计算机试制成功

“神威·太湖之光”超级计算机纪念邮票

1973年8月26日，我国第一台每秒运算100万次的集成电路电子计算机在北京试制成功。这是我国电子计算机发展史上的一个重要里程碑，从此我国计算机研制进入了飞速发展的进程。

计算机的运算次数从来是一个国家计算机工业发展的标志之一。中国第一台全部采用国产处理器构建的“神威·太湖之光”超级计算机是世界上首台运算速度超过每秒10亿亿次的超级计算机。中国科研工作者历经几十年的风吹雨打，将国内计算机的应用能力磨炼至世界先进水平，怎能不让人感到自豪！

中国第一台数字电子计算机诞生

新中国成立后，国家高度重视科学技术的发展。自1946年世界第一台计算机在美国诞生以来，数学大师华罗庚和中国原子能事业的奠基人钱三强就十分关注这一新技术在国内的应用。从1951年起，他们先后聚集国内外相近领域人才加入计算机研发队伍的行列。

在苏联专家的帮助下，中国科学院计算技术研究所研制出了中国第一台数字电子计算机“103机”。该机在1958年交付使用，运行速度为每秒1500次。1960年，中国第一台大型通用电子计算机——“107机”研制成功。1963年，中国第一台大型晶体管电子计算机——“109机”研制成功。1964年，中科院计算技术研究所自行设计的“119机”也交付使用。这是中国第一台自行设计的电子管大型通用计算机，也是当时世界上最快的电子管计算机，平均浮点运算速度每秒5万次，它证明了中国人民有能力发展具有自主产权的计算机事业。

在研制第一代电子管计算机的同时，我国在第二代晶体管计算机的研制上也取得了很大进展。中国人民解放军军事工程学院计算机系主任慈云桂领衔设计的晶体

“银河一号”

“神威·蓝光”

“天河一号”

管计算机“441-B”在1964年研制成功。1965年，“441-B”改进为每秒计算2万次。为了发展我国“两弹一星”工程，1967年，蒋士飞领衔自行设计了一台专为“两弹一星”服务的计算机——“109丙机”。这台计算机的使用时间长达15年，被誉为“功勋计算机”，是我国第一台具有分时、中断系统和管理程序的计算机。我国自行设计的第一个管理程序就是用它完成的。

运算速度首次突破每秒百万次大关

虽然我国自行设计研制了多种型号的计算机，但运算速度一直未能突破每秒百万次大关。直到1973年8月26日，北京大学与北京有线电厂（“738厂”）联合研制的集成电路计算机“150机”问世，才使我国拥有了第一台自行设计的百万次集成电路计算机。

集成电路电子计算机，是继电子管电子计算机、晶体管电子计算机之后的第三代电子计算机。它采用了集成电路，因此，具有体积小、储存量大、计算速度快、性能稳定可靠以及耗电量少等优点。我国制成的这台百万次电子计算机，字长48位，内部储存器容量13万字节，加上磁带机、磁盘机、打字机、作孔机和输出、输入机等，共有9种22台外部设备。

在试算运转过程中，操作人员曾用它计算过一个200次方的代数方程式，结果只用十几秒就正确无误地运算了出来；如果用人工计算，至少需要100个人计算一年。操作人员还在这台计算机上进行过复杂的工程设计、天气预报、地震资料处理等方面的几十道题目的运算，也都取得了良好效果。

神威·太湖之光

“银河一号”

高性能计算机的研制能力和应用水平是一个国家科技发展水平和综合国力的重要标志之一，也是世界发达国家竞相争夺的科技战略制高点。

为了拥有自主研发的超算技术，我国的超算专家连续研发了几代超级计算机，型号从“银河”到“天河”，计算能力从每秒千万次到每秒亿亿次，每一次跨越都凝聚了科研人员的智慧和汗水，每一次成功都是对技术的重新定义。

由国家并行计算机工程技术研究中心研制的“神威 · 太湖之光”超级计算机是全球首台运行速度超过 10 亿亿次 / 秒的超级计算机，最高运算速度可达 12.54 亿亿次 / 秒，持续运算速度也为 9.3 亿亿次 / 秒。根据测算，“神威 · 太湖之光”运算 1 分钟，相当于全球 70 多亿人不间断地运算 32 年。

第一颗返回式遥感卫星发射成功

1975 年 11 月 26 日，我国第一颗返回式遥感卫星在酒泉卫星发射中心顺利发射升空，准确进入预定轨道。卫星在太空飞行 47 圈后，按地面遥控站发出的返回调姿遥控指令，安全返回祖国大地，使中国成为世界上第三个掌握卫星回收技术的国家。

返回式遥感卫星为中国航天遥感事业首开先河。在传输式遥感卫星使用之前的 20 多年里，我国国产的航天遥感资料都来自返回式遥感卫星。返回式遥感卫星应用于国土资源普查、大地测量以及河流海岸监测等方面。返回式遥感卫星上还进行了大量的搭载科学试验，取得了丰硕成果。

科技人员正在对卫星进行全面技术测试

“利刃出鞘”

1970年4月24日，“东方红一号”遨游太空，引起了世界各国的广泛关注。之后，我国开始研制返回式遥感卫星，研究掌握卫星的回收技术这一重要课题。

发射返回式遥感卫星要解决一系列复杂的技术问题，主要包括具有足够推力的运载工具、功能完备的卫星本体以及完善可靠的航天测控网。

承担返回式遥感卫星发射运载任务的是“长征二号”运载火箭。它是一个主要由总体结构、火箭发动机、控制系统等组成的多级火箭。对于返回式遥感卫星的发射任务来说，要求运载火箭有足够的推力、精确的制导和控制能力。因此运载火箭必须达到非常高的技术水平。

航天测控网保障卫星科学探测

返回式遥感卫星在技术上比在空间遨游而不再返回地面的卫星要复杂得多，它既要有一般卫星在空间飞行的能力，又要有按程序接受地面控制、安全完整返回地面预定区域的能力，返回途中还要能经受住严酷环境的考验。从总体结构上讲，全星分为再入舱和仪器舱两大舱段。再入舱是返回体，仪器舱在完成任务后留在轨道上。

地面测控网是空地联系的地面系统，也是卫星发射、运行和返回整个工程的重要组成部分。没有这个庞大复杂的地面系统，送上去的卫星就会成为一个无法控制的人造天体。

在返回式遥感卫星的发射任务中，地面测控系统要精密测量火箭的弹道、卫星的轨道以及它们的内部参数，掌握测量对象的工作情况和仪器设备的工作质量等。地面测控系统一般由外弹道测量、内部参数测量和安全遥控系统组成。

反复勘察确定卫星回收地

对于返回式遥感卫星而言，在准备工作中，除需要技术指标很高的遥感仪器，保持高精度的测控及安全可靠的回收系统外，还需要选定合适的回收区域，并配置地面、空中有机结合的回收设备和试验队伍。早在 1969 年，有关部门组成勘察组，对初步拟定的可供返回式遥感卫星着陆的地区进行了踏勘。专家在分析研究对比后，决定在我国大陆腹地回收。

1971 年 8 月到 10 月间，专家复勘了四川省的 7 个专区、42 个县，选定遂宁市附近作为回收区。这里地形开阔、交通方便，可满足卫星在返回前一圈运行中飞经我国上空的需要。

几年后，为了我国第一颗返回式遥感卫星辛勤操劳的人们日思夜想的这一时刻终于来到了！ 1975 年 11 月 29 日 11 时许，返回舱携带遥感试验资料，按预定的计划返回地面，走完了上天、入轨、遥感、返回的全过程。

我国首台汉字激光照排样机试制成功

汉字信息处理

报版样张　1979年7月1日

本刊是计算机—激光汉字编辑排版系统的试排样张。

由计算机总局主持，北京大学、新华社、山东省电子局、潍坊市电子局、潍坊电讯仪表厂、杭州五二二厂、天津红星厂等单位协作会战

计算机—激光汉字编辑排版系统主体工程研制成功

汉字编辑排版系统的工作流程和软件

滚筒式激光照排机的工作原理

第四代排字机

汉字字模信息的存贮

1979年，我国用汉字激光照排系统排印的首张报纸样张

你能想象 20 世纪 70 年代一张报纸从排版到印刷要一至两天时间吗？光是一家报社的印刷厂，就要分铸字、排字、浇版、轮印、照相制版等多个车间。

1979 年 7 月 27 日，我国第一台汉字激光照排样机——华光 I 型计算机试制成功。科研人员利用照排系统在短短几分钟里，一次成版地输出一张由各种大小字体组成、版面布局复杂的八开报纸样张，报头是“汉字信息处理”。这是中国首次用激光照排机输出的中文报纸版面。这项成果，为世界上最浩繁的文字开辟了通畅大道，对实现中国新闻出版印刷领域的现代化具有重大意义。它引起了当代世界印刷界的惊叹，被誉为中国印刷技术的再次革命。

中国印刷技术的第二次革命

20 世纪 70 年代，中国的计算机技术主要用于科学运算和国防工程，而在计算机系统中的汉字处理还存在问题。当时，报纸和书刊的排版印刷主要依靠铅制活字印刷术，排版效率低下。为了改变这一状况，国家发起了一项重点科技攻关项目——“汉字信息处理系统工程”，简称“748 工程”。

这个项目的目标是将汉字引入计算机系统，实现汉字的输入、存储、编辑和输出等功能。“748 工程”设立了 3 个子项目，分别是汉字通信、汉字情报检索和汉字精密照排。

当时，王选作为一名年轻的教师，在病休期间听说了“748 工程”的消息，并对其中的汉字精密照排系统产生了浓厚的兴趣。他深信计算机技术将给印刷行业带来巨大的价值和影响。于是，他毫不犹豫地投入这项研究中，并开创了独特的“参数表示规则笔画、轮廓表示不规则笔画”的方法，成功地将庞大的汉字字形信息压缩后存入计算机。

经过 3 年多的努力攻关，王选带领团队于 1979 年开发出了“华光”激光照排系统，它成为新中国第一个计算机中文信息处理系统。他们使用这个系统成功地从计算机中输出了汉字，实现了印刷技术的现代化。

王选团队的成功不仅改变了印刷行业的技术格局，也推动了中文信息处理技术的发展。从此以后，汉字进入了计算机时代，成为数字化世界中不可或缺的一部分。

达 200 亿位的汉字点阵总储量

在汉字精密照排系统的研究历程中，不同的科研单位有着各自的观点和策略。在深入研究国内外的激光照排技术趋势后，王选做出了一个大胆的决定：跳过二代和三代照排机，直接研发第四代激光照排系统。这一决策不仅体现了王选的远见卓识，更展现了他突破常规的勇气与耐心。

激光照排技术，简单来说，就是将文字转化为点阵形式，然后通过激光在感光底片上进行扫描，形成文字和图像。这一技术的核心挑战在于处理汉字的信息量。汉字的常用字超过 3000 字，而印刷所用的字体和字号更是繁多，每种字体都需要至少 7000 字。这意味着印

刷所需的汉字数量高达 100 万以上，对应的汉字点阵信息量更是达到惊人的 200 亿位！

在那个科研条件相对简陋的年代，这样的信息量被许多人视为难以逾越的障碍。当时，国产计算机的内存仅为磁心存储器，最大容量只有 64 千字节，没有硬盘，只有一个 512 千字节的磁鼓和一条磁带。在这样的环境下，实现汉字字形信息的存储和输出简直是天方夜谭！

然而，王选并没有因此而退缩。为了攻克这一难题，他决定使用“轮廓描述方法”来描述汉字字形。他还提出并实施了“参数描述方法”，以确保字形在放大或缩小时的质量不受影响。这些方法在当时达到了世界领先水平，而西方国家大约在 10 年后才开始采用类似的技术。

经过将近 1 年的艰苦努力，王选就像一位魔术师一样，成功地将庞大的汉字字模缩小到原来的 1/500，为汉字精密照排系统的研发扫清了最大的障碍。1979 年 7 月 27 日，王选完成了第一台样机的调试工作。

新华社成为国内首批采用这一技术的报社。1985 年 5 月，《新华社新闻稿》首次借助“华光Ⅱ型计算机——激光汉字编排系统”进行编排获得巨大成功，展现出这一技术在国内的初步应用。而在 1987 年，《经济日报》成为首份试用最新“华光Ⅲ型机”的报纸。从此，中国的印刷技术迎来了一个崭新的时代，引领了全球汉字信息处理的新潮流。

人造血液研究在上海获得成功

当你遇到创伤需要输血时，直接将一袋袋“血液”注入你的体内，而根本不用在乎血型是 A 型、B 型还是 O 型……你也许觉得这是天方夜谭。事实上，这样的事正慢慢成为现实，因为一种人造血液可以让接受输血的人不用担心血型不合而出现排斥反应。

1980 年 8 月 6 日，我国人造血液的研究在上海获得成功。中国科学院上海有机化学研究所和中国人民解放军第三军医大学的科研工作者经过 5 年的共同研究，试制成功了人造血液，并在临床应用中取得满意效果。

特殊时期能救命的人造血液

长久以来，血液资源一直较为紧张，缺口很大。在

发生战争或一些重大灾害时，血液的供应尤其难以得到保证。早在二战时，战场条件恶劣，缺乏充足的血源供应，而且也没有时间和条件来验对血型，因此，至少有50%以上的负伤人员由于没有得到及时输血抢救而死亡。现在，台风、海啸、地震等突发灾害也常常造成大量人员死亡，其中无法及时输血抢救是原因之一。

于是，多年来，人们一直探索想要研制出一种血液代用品，在紧急时刻不需验对血型即可直接使用，而且可以长期保存以备急需。

人体血液由血浆、红细胞、白细胞和血小板组成，成分非常复杂，要制造出一种完全代替血液的溶液非常困难。但研制一种临时替代品，能在急需情况下，短时间内代替血液中某种成分的作用却是可行的。

我国科学家首次试制出人造血液

血液，是循环系统内负责体内物质运输的液体介质，而人造血液也可借助循环系统之力，流经体内各器官及组织，将取自肺及消化道的氧和营养物质带给一切细胞，再将二氧化碳及其他废物送至肠和肾脏排出。

1980年8月6日，中国人造血液的研究在上海获得成功，并在临床应用中取得满意效果。

这种人造血液是氟碳化合物在水中的超细乳状液，呈乳白色，具有人体血液的主要性能，适合于任何血型的受血者。这种奇妙的白色"血液"注入人体后，同人体正常血中的红细胞一样，具有良好的载氧能力和排出二氧化碳的能力，可以说，它是一种红细胞的代用品。氟碳化合物像螃蟹的螯那样，能够把氧抓住，在人体里再把氧气放出来，进行特种氧化还原反应。它的生物化学性质十分稳定，不管哪种血型的人都能使用。

人造血液的研制成功，对我国的医学临床工作和基础研究具有巨大推动作用，为我国医药事业发展做出了重要贡献。

然而，这种人造血液与人体内的血液相比，仍存在许多缺点，比如它不能输送养分，也没有凝固血液的本领，更没有应对外界感染至关重要的免疫能力。因此，要研究出像人的血液那样的代用品，还要付出很大的努力。

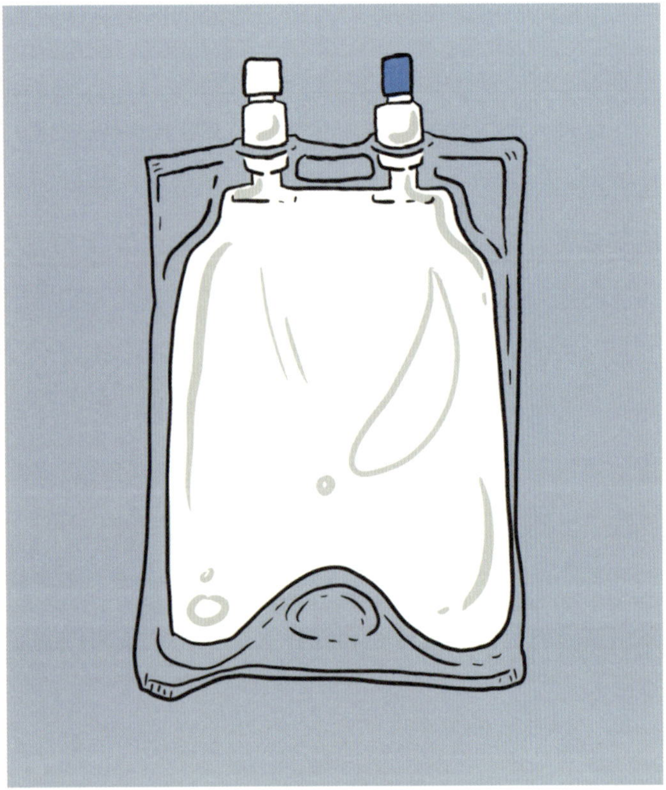

人造血液呈乳白色

“人造万用血”迎来重大突破

“人造血”创新药物的研发一直是国际关注的热点和难题。2021 年 7 月，西北大学国家微检测工程技术研究中心和西安血氧生物技术有限公司血氧液研发团队历时 20 年研发的“人造万用血”已完成全部动物实验，并通过国家权威新药安全性评价机构的评估：无临床意义的副反应，支持进入 I 期临床研究。相信在科研人员的努力下，“人造万用血”将实现产业化，给更多因失血而生命垂危的人带来生的希望。

歼-8Ⅱ战斗机首飞成功

歼 -8 Ⅱ战斗机是我国第一架完全自行设计制造的第二代歼击机，由中国沈阳飞机工业公司（沈飞公司）和沈阳飞机设计研究所（601 所）共同研发。歼 -8 Ⅱ飞机采用全金属半硬壳机身，机上装配 ZHUK-8 Ⅱ脉冲多普勒雷达、全球定位组合导航系统及综合电子对抗系统等。1984 年 6 月 12 日，歼 -8 Ⅱ原型机首飞成功。

提高中低空作战能力

1964 年 1 月，沈阳飞机厂成功地仿制出苏联“米格 -19 型”超音速歼击机，并将其命名为“歼 -6”。它的制造成功，标志着新中国航空工业进入了快速发展时代。

20 世纪 70 年代后，世界各国战斗机的设计思想不再追求更高、更快，而是着眼改进飞机的中低空机动性能，完善机载电子设备、武器和火控系统。我国根据防空的需要，提出将歼 -8 Ⅰ飞机的进气方式改造为从两侧进气，以提高其性能，并将新的机型命名为歼 -8 Ⅱ。歼 -8 Ⅱ飞机于 1980 年 9 月开始研制，在歼 -8 Ⅰ的基础上，改进了火控系统、武器系统、机载电子设备和动力系统，换装了功率更大的发动机，具有更好的中低空作战能力和全天候拦射攻击能力。

从方案论证到设计定型

1983 年 4 月，601 所设计出歼 -8 Ⅱ全套设计图纸，沈飞公司投入试制。为保证歼 -8 Ⅱ飞机优质、快速地研制成功，沈飞公司组织广大职工开展了轰轰烈烈的歼 -8 Ⅱ飞机攻关立功活动，并进行了工艺性审查、工装协调等生产准备工作，采用计算机辅助设计技术，并组织分工包干进行技术攻关，从而缩短了歼 -8 Ⅱ飞机的研制周期。

首架飞机于 1984 年 3 月总装完毕。1984 年 6 月 12 日，歼 -8 Ⅱ成功首飞。按照国家批准的试飞大纲，先后共有 4 架歼 -8 Ⅱ飞机投入定型试飞。经过严格的试飞考核，飞机的主要性能指标都达到了设计要求。由于飞机的方案论证比较充分，原理性试验工作扎实，沈飞公司仅用 17 个月就试制成功。歼 -8 Ⅱ飞机于 1991 年获部级科技进步一等奖。

创新不止——进行多种型号改进

歼 -8 Ⅱ飞机试制成功之后，沈飞公司根据部队的需要，进行了多种型号的改进，主要包括歼 -8B 飞机、歼 -8D 飞机和歼 -8 Ⅱ M 飞机。歼 -8 Ⅱ M 飞机是出口型飞机，于 1992 年 7 月 22 日由 12 个有关参研厂所组建联合体合资研制。它不仅飞得高、速度快，而且功能齐全、攻击力强。此外，该型飞机还换装了两台大推力的“WP-13B 型”涡轮喷气发动机。1996 年 3 月 31 日，该型飞机首飞成功；同年 11 月，在珠海航展上进行了精彩的飞行表演。

歼 -8 Ⅱ飞机是我国完全自行设计制造的第二代歼击机，它的研制生产不但培养了一大批飞机设计、制造人才，还完善了我国航空工业科研生产体系，带动了飞机发动机、机载设备及相关行业的发展。我国战斗机的研制工作取得了长足的发展，先后研制出歼 -10、歼 -15、歼 -20 战斗机，为国土防空做出了卓越贡献。

高空科学气球
畅游“临近空间”

浩瀚的宇宙有着无数的奥秘，当我们抬头仰望星空，看到的只是浩渺无垠的宇宙一角。在离我们仅 20 至 100 千米的高空，却有一片神秘的领域等待着我们去发现，那就是“临近空间”。

1985 年 9 月 22 日，我国迈出了探索这片未知领域的关键一步，成功发放了第一个 10 万立方米的高空科学气球。这一壮举标志着我国高空气球技术正式跻身世界先进行列，为我国高能物理学研究打开了新的大门，也带来了无数宝贵的经验和数据。

如今，我国高空气球技术的研究和应用正处于飞速发展的阶段。在中国科学院近年来的“临近空间”先导专项中，高空气球已经成为重要的观测工具，其应用前

景不可估量。

重要的科学探测平台

“临近空间”包括了平流层的大部分、全部中间层和部分电离层。最近几十年来，这个特殊的“地方”成了许多发达国家竞相开发的热门区域。但要探测这片空域，却并非易事。飞机无法在这片空域长时间停留，而卫星遥感探测也难以触及。

在这个关键时刻，飞行器的研发成为突破口。曾有专家指出，除了高空气球，没有其他飞行器能在“临近空间”长时间滞留，进行科学探测和研究。科学气球，这种独特的浮空器，成为探测“临近空间”的重要工具，也是目前唯一成熟的“临近空间”飞行器。

高空气球的使用历史悠久，已经有近两百年的历史。它是一种无动力的浮空器，能在平流层自由飞行。这种气球能让我们更加深入地了解“临近空间”的奥秘，为科学家们提供宝贵的一手资料，可以有力地推动大气物理、空间天文、宇宙射线等学科的观测研究。

不仅如此，高空气球还可以作为各种实验的搭载平台。无论是遥感试验、空间载荷试验、微重力科学实验，还是生命科学与遗传学实验，高空气球都能胜任。高空气球凭借其低成本、见效快、载重大的特点，目前仍然是许多空间和大气科学实验的理想选择。

跨越国界的科学探索

在辽阔无垠的宇宙空间中，高空气球正悄然展现着其独特的魅力。国际上，高空气球的发展如火如荼，尤其在长时间气球飞行技术方面取得了引人注目的突破。截至 2018 年，美国已发放了 2000 多个高空气球，载荷重量可达到 3.6 吨；法国约发放了 3000 个；日本也不甘示弱，发放了 800 多个。而它们的飞行高度更是高达 50 千米，彰显了技术上的领先优势。

我国的高空科学气球探测也不甘人后。自 1977 年起，中国科学院便开始发展高空科学气球平台和气球科学探测。1984 年，中国科学院建成了我国第一个高空科学气球系统，并且与日本宇宙科学研究所合作进行了从日本至中国的跨太平洋飞行。1989 至 1991 年，我国又与苏联合作进行了北半球飞行距离最长的高空气球跨境飞行，进一步提升了高空气球技术方面的实力。

经过多年的砥砺前行，我国已成功开展了约 200 次高空气球飞行活动。最大可制造 60 万立方米的气球，最高飞行高度 43 千米，最大载重可达 1.9 吨。进入 21 世纪后，出于种种原因，我国高空科学气球活动一度陷入沉寂，高空气球技术的发展放缓。城市的发展使得原来的气球站处于人口稠密、交通发达地区，高空气球的飞行受到限制。没有固定的气球试验基地也大大制约了高空气球的发展。

为了突破这一困境，中国科学院气球飞行器中心与内蒙古农牧业科学院携手合作，经过长期考察，于 2017 年在内蒙古乌兰察布市四子王旗建立了我国新的高空气球飞行试验基地。这个基地已经具备开展高空气球发放和飞行的基本条件，为我国高空气球技术的发展注入了新的活力。

展望未来，随着“临近空间”科学探测和应用开发研究的逐渐深入，高空气球的发展迎来新的机遇。我们期待着我国的高空气球技术能够在国际舞台上大放异彩，为人类的科学探索开辟更加广阔的天地。

我国大陆首例试管婴儿诞生

1988年3月10日，我国大陆首例试管婴儿在北京医科大学第三医院（现北京大学第三医院，简称北医三院）成功进行接生手术。这是一个健康女婴，出生时体重3.9千克，身长52厘米。她的诞生表明了我国大陆现代医学技术完成了一次重大突破。这个女孩取名为郑萌珠，“萌”的意思是“萌芽”，“珠”则取自于北医三院妇产科专家张丽珠的名字，她是种下萌珠这颗“种子”的医生。

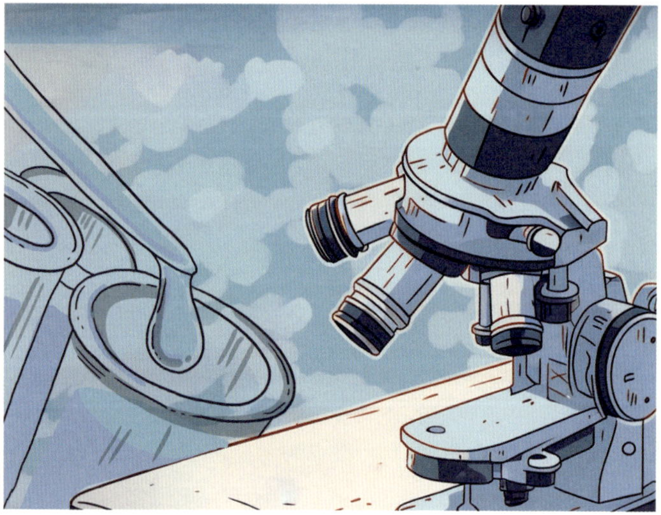

试管婴儿技术圆了“妈妈梦”

回忆起当年，郑萌珠的妈妈郑桂珍感慨万千，是试管婴儿技术圆了她当妈妈的梦。

1987年，在甘肃一个小山村里当老师的郑桂珍偶然

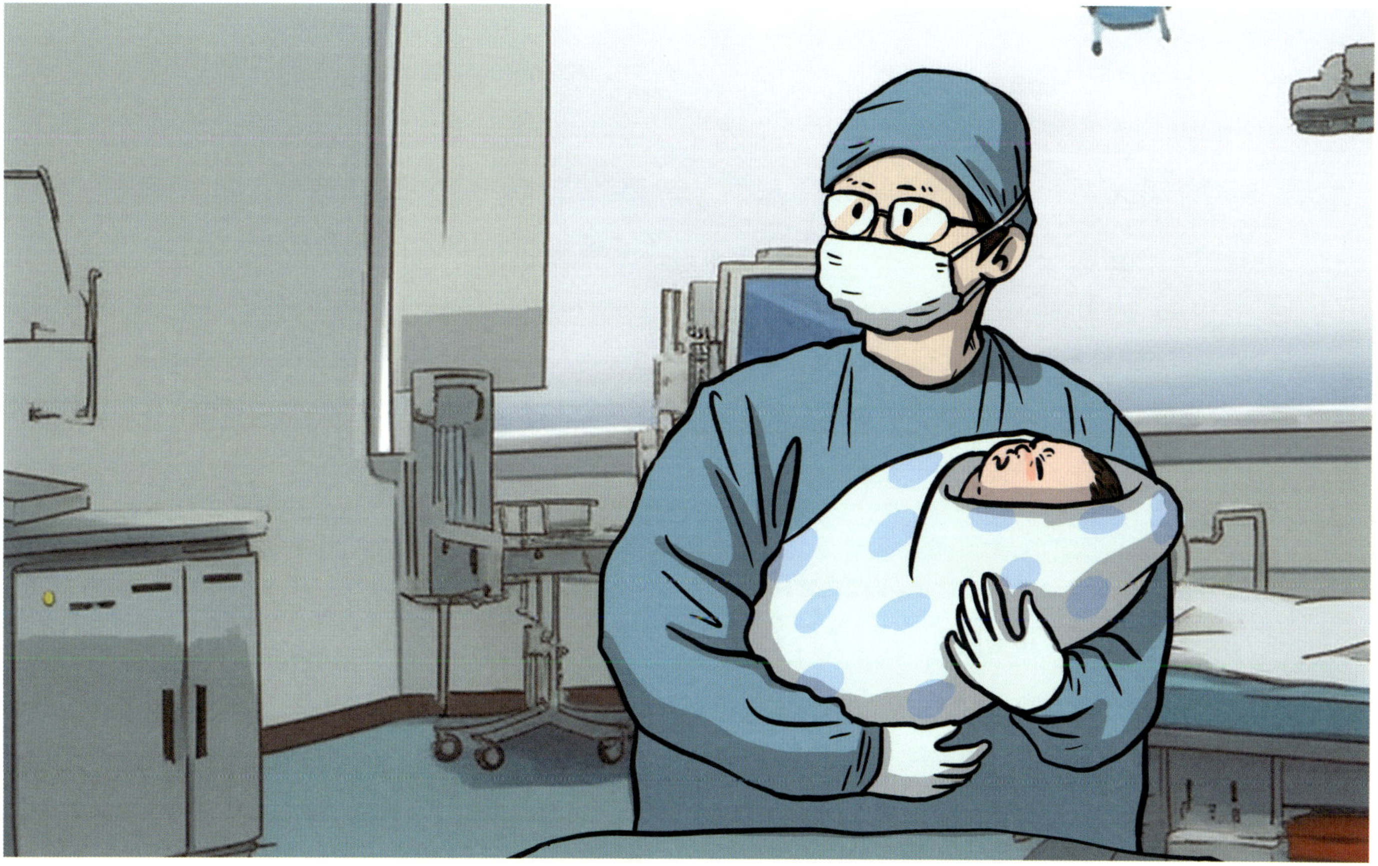

听广播，得知北京的一家医院里正在进行试管婴儿的研究。郑桂珍结婚多年，最大的梦想就是能有个自己的孩子，但因为输卵管堵塞，一直未能怀孕。她在全国各地辗转求医。广播中一闪而过的消息，让她下定决心：到北京去！

求子心切的郑桂珍到了北京，来到了北医三院。当她迈入医院的大门时，世界首例试管婴儿已经8岁了。“首例”对于医学工作者来说，就是追赶的目标。

1986 年，在国家自然科学基金的资助下，卫生部将“优生——早期胚胎的保护、保存和发育的研究”列入“七五”国家科技攻关项目，张丽珠是课题组负责人。

保护孕妇像保护大熊猫一样

当时，实验室的条件有限。做试管婴儿需要开腹取卵，但北医三院全院只有一根取卵针，也没有专业的保温设备……在这种艰苦的条件下，张丽珠带领团队成功地找到卵子，并顺利完成体外受精。

受精卵开始分裂后，张丽珠用一根特制的塑料管将受精卵植入郑桂珍子宫内。移植之后，郑桂珍就像大熊猫一样被严格保护起来。7 周后，医生终于听到了胎儿原始心脏有力的搏动声，这标志着临床妊娠成功。此后，每天都有医生来给郑桂珍监测血压，测胎心。

十月怀胎，一朝分娩。1988 年 3 月 10 日，郑桂珍剖宫产下了女儿郑萌珠，萌珠也是我国大陆第一个试管婴儿。

“三冻”试管婴儿相继诞生

郑萌珠出生后随父母回到甘肃生活，大学毕业后，来到北医三院生殖医学中心从事病案管理等工作。“从事这份工作让我有种回家的感觉，帮助更多与我父母类似的家庭让我很幸福。”郑萌珠说。

郑萌珠出生以后，我国大陆首例配子输卵管移植试管婴儿、冻融胚胎试管婴儿、“三冻”（冻卵、冻精子、冻胚胎）试管婴儿相继在北医三院诞生。各地生殖医学中心纷纷成立，辅助生殖技术推广至全国。特别是近些年，我国科学家在《科学》《自然》《柳叶刀》等国际顶尖期刊上，发表了诸多有影响力的医学论文，并参与了多个国际生殖领域指南的制定。

郑萌珠诞生于 1988 年，比世界首例试管婴儿的诞生晚了 10 年。但经过 30 多年的发展，我国的辅助生殖技术在诸多领域已位居世界前列，在某些领域已达到世界领先水平。

北京正负电子对撞机正式运行

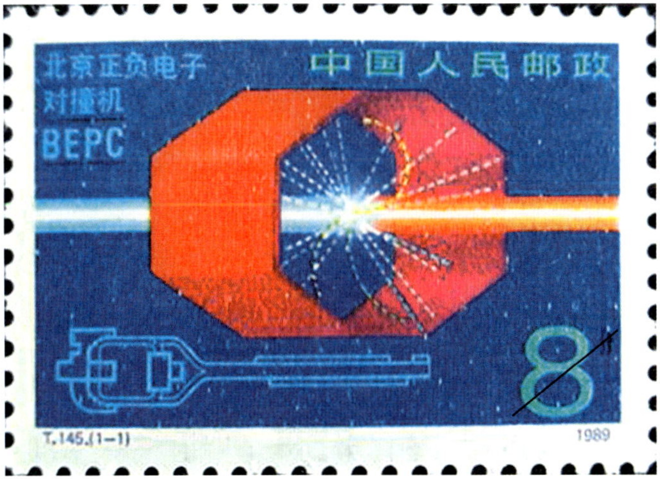

北京正负电子对撞机纪念邮票

1990年7月21日，我国高科技领域的重要工程——北京正负电子对撞机（BEPC）正式通过国家验收。这是我国继原子弹、氢弹爆炸成功，人造卫星上天后在高科技领域取得的又一重大突破性成就。

也许你对北京正负电子对撞机不了解，但它的提出、建成、升级，每一个过程都代表着我国高能物理的发展进程，对人类了解世界的构成更是做出了杰出贡献。

命途多舛的中国加速器

20世纪50年代初，美、苏及欧洲等少数工业发达的国家和地区开始大力筹建高能加速器。虽然当时我国在高能物理领域与国际先进水平有很大差距，但仍希望

有自己的加速器。1956年制定的《1956—1967年科学技术发展远景规划》就提出“制造适当的高能加速器”的构想。然而从提出构想，到真正建设成北京正负电子对撞机，我国的加速器研究经历了颇为波折的过程。

20世纪70年代末，我国的高能物理研究有了长足发展。随着“派出去，引进来”，我国与欧洲核子中心进行了频繁有序的科技交流，寻求到了部分技术和设备的支持，为后面的研制打下了基础。

我国物理学家也曾提出：能否制造一个规模小、便宜，但同样能做出好的物理成果的加速器？

争议声中的项目

1974年，在布鲁克海文国家实验室工作的丁肇中团队，利用质子打铍靶，发现了一个新粒子，他们将其命名为J粒子。几乎同时，美国物理学家里克特用斯坦福直线加速器（SLAC）也发现了这个粒子，他将其命名为Ψ。因此，这个粒子被称为J/Ψ。

中国科学院在1981年提出建造一台新的正负电子对撞机，目标是产生更多J/Ψ粒子，让我国进入高能物理的研究前沿。选择这一能区建造加速器，是经过当时国内专家反复论证得出的结果，而北京正负电子对撞机的立项也经过了漫长的磨合过程。

1983年4月，经国务院批准，北京正负电子对撞机方案上马，计划用4年完成。12月，党中央、国务院将其列入国家重点工程项目，定名为“8312工程”。

终于顺利运行

汇集了全国力量，“8312工程”开工了。随着磁铁、高频机、调速管、调制器等高难度专用设备试制成功，所有人对其建成充满信心。但工程依然存在很多问题：能否按期完成？建成后能否达到预期目标？能否实现稳定运行？随着工程竣工，对撞机在1988年10月16日首次实现正负电子对撞，成功达到设计预期亮度（指对撞机主要性能）后，这些问题得到了肯定的答案。北京正负电子对撞机成为J/Ψ粒子能区性能最好的加速器。

无论是建设加速器，还是让它稳定运行，我国的科研工作者都付出了常人难以想象的艰辛。他们白天用穿孔纸带计算数据，晚上值班等待可能突如其来的电话。

安装完成的北京谱仪

对于由数十万个组件集合而成的大科学装置，任何一个小元件的损坏故障都会使 BEPC 停运。最初，科研人员有近 30% 的时间花费在设备维护上，经过 3 年的努力把设备故障率降到了 5% 以下，让其平稳运行至今。

BEPC 外形像一个巨大的羽毛球拍，球拍的“把”是一台长 202 米的正负电子直线加速器。电子枪发射出的电子在加速管中不断得到加速，一部分电子束轰击钨靶后产生正负电子束，正负电子束通过输运线注入周长为 240 米的球拍的“框”——储存环中，不断地积累、储存、加速、对撞。

北京正负电子对撞机的建设、运行以及取得的成果，让我国真正实现了“必须发展自己的高科技，在世界高科技领域占有一席之地”的目标。

中国的核电力量：秦山核电站并网发电

秦山核电站纪念邮票

浙江省嘉兴市海盐县，坐落着我国第一座核电站秦山核电站。作为我国自行设计、建造和运营管理的第一座30万千瓦压水堆核电站，秦山核电站是国内核电机组数量最多、堆型最丰富、装机容量最大的核电基地。从1985年3月20日动工，到1991年12月15日并网发电，科研人员最终完成了其全部的三期工程。

至2020年底，秦山核电站已经安全运行了132堆年，累积发电量高达6400亿千瓦时，堪称清洁能源的巨头。更重要的是，它的运行相当于减排了6亿吨二氧化碳，为地球母亲种下了400多个西湖景区大小的绿色植被。

我国核工业“二次创业”

1970年的初春，经过深入细致的调查和研究，我国第一座核电站的选址工作尘埃落定。它坐落在海盐秦山，与“红船”起航地紧密相连。从此，我国的核工业迈向了经济建设的崭新征程，开始了“第二次创业”。

从1985年起，秦山核电项目正式开启。一台30万千瓦的压水堆机组首先投入使用，接着是四台65万千瓦的压水堆机组、两台70万千瓦的重水堆机组，再后来是两台100万千瓦的压水堆机组。这些数字不仅仅是一组组的技术参数，还是我国核电事业从无到有、从弱到强的跨越式发展的生动见证。

秦山核电站一期，犹如一颗璀璨的明珠，镶嵌在我国的大地上。它不仅是一座30万千瓦的示范核电站，更是我国核电工业的骄傲，是我国核电工业发展的里程碑，让我国成为世界上少数几个拥有完整核工业体系的国家之一。这座核电站由我国自主设计、建造、调试和运营，其中的科技含量无比深厚，科研攻关项目高达400余项。经过无数次的努力和尝试，我国建立了全面而高效的运行、维修、应急、培训管理体系，形成了独具秦山特色的管理模式。

1986年，为了推动核电工业的发展，国务院决定在秦山核电站一期的基础上，再建设两座65万千瓦的大型压水堆机组，也就是秦山核电站二期。作为我国第一座国产化大型商用核电站，秦山核电站二期的重要性不言而喻。在这个过程中，1、2号机组的设备国产化率达到了55%，而之后扩建的3、4号机组更是实现了关键核心部件的国产化，设备总国产化率高达77%。秦山核电站二期不仅走出了一条核电国产化的道路，也向世界展示了我国核电工业的实力和决心。

随着核电工业的不断发展，秦山核电站三期应运而生。该项目贯彻了“引进、消化、吸收、再创新”的方针，建成了两台坎杜型重水堆机组。秦山核电站三期的建成，实现了“核电工程管理与国际接轨”，为我国核电工业的发展打开了新的篇章。

核电技术的新时代

2008年，国务院核准了秦山核电站一期扩建项目——方家山核电工程，计划建设两台百万千瓦核电机

组。方家山核电工程作为国内首批采用总承包模式的核电项目之一，实现了核电机组从 30 万千瓦到 100 万千瓦的跨越式自主发展。这一壮举不仅为百万千瓦核电机组总承包和整机出口积累了宝贵经验，更为国产第三代核电机组“华龙一号”的研制奠定了坚实的基础。

自秦山核电站投入运行以来，我们始终站在科技的前沿，不断与时俱进。在工业 4.0 的新浪潮中，我们敏锐地捕捉到向智慧核电转型的无限机遇，以拓荒者的姿态勇往直前，提出了建设数字核电厂的宏伟愿景。

借助大数据平台的关联分析能力，秦山核电站巧妙地将 EAM（企业资产管理系统）、ERP（企业资源计划）等系统中的设备缺陷信息、采购记录、供应商评价信息融为一体，构建了一个多维度的分析模型。这样一来，秦山核电站便能实现可靠性分析和预测，提前预防潜在风险，确保自身的安全稳定运行。

秦山核电站正在逐步实现“数字化”核电的宏伟目标。我们努力让核电技术在新时代的浪潮中焕发出更加璀璨的光芒，为“碳达峰”“碳中和”注入核力量。

“中国深度”：我国水下机器人有多牛？

“探索者号”无缆水下机器人

1994 年 11 月 10 日，我国首台无缆水下机器人“探索者号”问世。

我国水下机器人研制是从 20 世纪七八十年代开始的。目前，我国已经建立了以“蛟龙号”载人潜水器、“海龙号”无人有缆潜水器和“潜龙一号”无人无缆潜水器为代表的大洋勘探“龙家族”。从“探索者号”“蛟龙号”“深海勇士号”到今天的“奋斗者号”，中国人的探海梦正一步一步实现。

“探索者号”：首台无缆水下机器人

“探索者号”无缆水下机器人，是我国自行研制的第一台无缆自治水下机器人。整个机器人分为水上、水

“潜龙一号”无人无缆潜水器

下两个部分，由载体系统、电控系统、声学系统、导航系统、水面支持系统和能源系统组成，涉及自动驾驶、水声通信、图像压缩与处理、定位导航与控制、计算机体系结构、多传感器融合、人工智能、高效能源流体动力学及深潜技术、水面收放技术等多项高新技术。

这一水下机器人以国产充油铅酸电池为动力，安装了 7 部声呐，水下潜深 1000 米，活动范围可以达到 12 海里，续航时间达到 6 小时，最大前进速度为每小时 7.5 千米，可以在四级海况下正常回收，能够在指定海域搜索目标并记录数据和声呐图像，而且还可以对失事目标进行观察、拍照和录像，自动回避障碍。另外，这一机器人还具有水声通信能力，可以将需要的数据和图像传至水面监控台上显示。

正是因为功能众多，“探索者号”水下机器人在水下工程、海洋石油以及海底矿藏资源开发、海洋科学考察以及海底打捞和救生等方面具有广阔的应用前景。

中国水下机器人家族

海洋覆盖了地球表面的绝大部分，拥有无尽的资源和丰富的宝藏，开发利用海洋资源成为各个国家竞相发展的战略。水下机器人是探索海洋的重要工具。

水下机器人，通常来说可以分为三大类：一类是有缆水下机器人，习惯称为遥控潜器（简称 ROV）；一类是无缆水下机器人，习惯称为自主式水下潜器（简称 AUV）；还有一类是载人潜水器（简称 HOV）。

事实上，包括“探索者号”“发现号”和“深海勇士号”在内，我国自行研发的水下机器人已经形成了一个庞大的“家族”。

“海人一号”：首台有缆水下机器人

根据国内市场需求，1979 年，以沈阳自动化研究所蒋新松为首的团队在国内最早提出了海洋机器人研究计划。1982 年，中国科学院正式立项，开展“智能机械在海洋中的应用研究”。我国第一台水下机器人诞生于 1985 年，它叫“海人一号”，是一台有缆水下机器人。

由沈阳自动化研究所负责研制的“海人一号”样机于 1985 年 12 月在大连首航成功。1986 年，改进后的“海人一号”完成了海上试验。“海人一号”总功率约

“海人一号”有缆水下机器人

14.7 千瓦，最大作业水深 200 米，是我国科研人员完全依靠自主技术，立足于国内的配套条件开展的研究成果，是我国水下机器人发展史上的一个重要里程碑。

北极 ARV：水下机器人走向极地科考

ROV、AUV、HOV 我们都知道了，那么 ARV 又是什么呢？2002 年，沈阳自动化研究所在国内首次提出了 ARV 概念。ARV 是一种集 AUV 和 ROV 技术特点于一身的新概念水下机器人。

2008 年 7 月，第一代北极 ARV 搭乘“雪龙号”科考船，随队出征我国第三次北极科考。2010 年 7 月，它再次参加我国第四次北极科考任务，在北纬 86 度 50 分首次从冰洞下放，开展冰下调查工作并取得成功，刷新了我国水下机器人在高纬度的作业纪录。

北极 ARV 对于北极科考来说，可以说是一种有效、连续、自主、实时的观测工具。看似不大的北极 ARV 携

北极ARV

带了温盐仪、光通量测量仪和水下摄像机等测量设备，具有多种科学观测能力，可获得冰下光透射辐照度，冰底形态，海冰厚度、温度、盐度、深度和海洋环境参数等多种科学观测数据，极大地补充了现有的北极冰下监测手段。

“潜龙一号”：海下资源勘察装备中的“卫星”

“潜龙一号”是我国首台 6000 米 AUV 深海实用性装备，具有全部自主知识产权。它可以覆盖 98.8% 的海洋面积，被称为海下资源勘察装备中的深海“卫星”。具体来讲，它主要服务于我国深海多金属结核矿区的勘探。

“潜龙一号”的研制成功，为我国开展深海资源大范围精细探测提供了重要技术装备，标志着我国深海资源勘察装备已达到实用化水平，我国 AUV 技术及产品跨入了国际先进行列。

人类首次获得恐龙基因片段

1995 年 3 月 14 日，北京大学生命科学学院的青年科学家，成功地从一枚特殊的恐龙蛋化石中获得了恐龙基因片段。这是人类首次从恐龙蛋化石中获得恐龙的遗传物质，对人类了解恐龙和它的生存环境、物种的起源和生物的进化等内容具有重大的意义。

恐龙蛋化石

首次从恐龙蛋化石中发现有 DNA 存在

这枚晚白垩世 C 型的恐龙蛋化石是从河南省西峡县发掘出来的。它的外壳坚硬，呈扁圆状，而且整体完整，表面无裂隙。一次意外中，这枚恐龙蛋化石被摔成了两半。收藏者从破碎处发现，在硬邦邦的外壳内，包裹着一种灰褐色絮状的软物质。

得知这一消息后，北京大学生命科学学院教授张昀带领团队立刻开始对这枚恐龙蛋进行研究。科研人员从恐龙

蛋化石中取出少量絮状物，发现其中含有氨基酸等有机物。他们利用分子生物技术，通过采用同位素标记和PCR（聚合酶链式反应）扩增技术，对这枚恐龙蛋化石进行了全面、细致的查验，证实了这枚恐龙蛋化石中的确有DNA的存在，并成功地扩增出一系列特异的DNA片段。

后来，科研人员又经过多次反复试验，通过DNA序列测定，获得了甲状腺激素受体基因、锌指蛋白基因等多个基因片段，它们与两栖类、爬行类、鸟类、哺乳类和人类18SrDNA的同源性为73%至81%，而与原核生物无同源关系。这表明该基因片段既不是人为操作污染所致，也不是细菌污染所致。这些研究成果开辟了古分子生物学这个新的研究领域，使得人们对于恐龙自身及其所处环境等方面有了更进一步的了解。

张昀团队表示，虽然通过各种途径，人们已经获取了少量的恐龙基因片段，但是与整个恐龙基因相比，这仅仅是沧海一粟。随着对恐龙蛋化石的发现与研究的逐步深入，人们将获得更多的基因片段，从而揭示更多的自然之谜，为了解史前动物的繁殖，了解恐龙相互之间及其与环境之间的关系，探讨恐龙起源、演化、灭绝的奥秘提供丰富的借鉴与佐证。

人类能用DNA复活恐龙吗？

如果科学家成功提取出恐龙DNA，是不是就意味着人类有可能复活恐龙了呢？

在电影《侏罗纪公园》中，一只蚊子吸取了恐龙的血，然后人类利用这只蚊子复活了恐龙……其实，电影里就是利用DNA复制技术进行生物的再生。那么，这在现实中真的可行吗？

答案是不可行的，科学家表示，至少目前及很长一段时间内不可行。

科研人员表示，人类目前得到的恐龙DNA可能只是一小段而已，无法完整地复制复杂多样的片段，更别说细胞核等核心细胞部位。修补缺失的恐龙DNA片段是非常困难的。

另外，DNA分为细胞质DNA和细胞核DNA，细胞核DNA才是生物体遗传信息的主要载体，但要获取细胞核DNA并不容易。生物学家也表示，人为地干预并且改变大自然的进程也是不可取的。

“昆仑”涡喷发动机展露峥嵘

在中国的航空工业史上，有一台发动机的诞生，不仅代表了国家的科技实力，更是亿万中华儿女坚韧不拔、自主创新的明证，这便是家喻户晓的“昆仑”涡喷发动机。

回首那个波澜壮阔的年代，中国航空工业第一集团公司沈阳发动机设计研究所，肩负着民族的期望，开始了艰难的探索。它与西安航空发动机（集团）有限公司等 34 个单位并肩作战，为的就是打造出属于中国的顶级航空发动机。

“昆仑”发动机的研发始于 1984 年。历经几百项严苛的地面试验和空中试飞后，它逐渐展露峥嵘。2002 年 7 月，经过长达 18 年的不懈努力，“昆仑”发动机被国家军工产品定型委员会正式批准设计定型。这一刻，

测试涡喷发动机

标志着中国航空发动机从测绘仿制、改进改型的时代，大步跨入了自行研制的崭新时代。从此，我国告别了不能自行研制航空发动机的历史，以“昆仑”为证，书写下属于中华民族的辉煌篇章。

走独立自主研制道路

20 世纪 80 年代，我国的航空发动机研究已经取得了显著的进步，一批性能卓越的涡喷发动机诞生，为我国的国防体系建设注入了强大的动力。然而，随着国际空军装备的不断升级，人们对推进技术的要求也越来越高。

我国的科研人员深知，依赖引进无法实现国防技术的现代化，独立自主的研制道路才是历史的必然选择。于是，为国产战机装上自主研发的强大“心脏”，成为解决战机所面临问题的关键。“昆仑”发动机项目就在这样的背景下应运而生。

1984 年，“昆仑”发动机的验证机研制工作正式启动。经过 3 年努力，验证机成功达标。1987 年，项目顺利地进入了原型机的工程研制阶段。研制初期，发动机并没有固定的装机对象，直到 1991 年才最终确定。

摸着石头过河

在“昆仑”发动机的研发初期，我国科研人员遇到了一个前所未有的挑战。1984 年，国家颁布了新的国家军用标准，这一标准以国际通行的涡喷涡扇发动机规范为基础，与以往的规范大相径庭。这对发动机的设计、材料、试验标准提出了全新的要求。

面对技术基础薄弱、航空发动机自行设计经验尚浅的现实，科研人员压力巨大，他们必须重新评估和调整所有的标准。这犹如在黑暗中摸索，每一步都充满了未知与变数。

为了应对挑战，发动机攻关组决定编制一本符合需求的材料手册。项目组协同行业内外的 20 多家研究单位，共同开展了一项庞大的数据收集工作。他们分析了 1.6 万多炉次的试验数据，涉及十几万个数据点，进行了 17 种新材料的补充试验。经过 8 年的不懈努力，他们终于编制出我国第一部《航空发动机设计用材料数据手册》。这部手册不仅及时解决了“昆仑”发动机研制过程中的燃

眉之急，更为我国航空发动机的设计打下了坚实的基础。

“昆仑”首飞成功

1991年初，我国科研人员面临着一个极具挑战性的问题，那就是“昆仑”发动机的压气机设计。压气机，作为发动机的“心脏”，其性能直接关系到发动机的安全运行。然而，“昆仑”发动机的压气机，无论是高压还是低压部分，都出现了工作不匹配的问题。

首飞的日期日渐临近，而解决这个问题却并非易事。经过研发团队的深入研究和反复讨论，最终制定了一个“两步走”的策略：第一步，为了确保首飞的成功，决定采用中间机“放气”的方式来暂时解决问题；第二步，计划在首飞成功后采取新的技术措施，彻底取消“放气”，从而彻底解决压气机工作不匹配的问题。

1993年12月12日，“昆仑”发动机首飞成功。然而，科研人员的攻关并未结束。在接下来的时间里，他们设计并试验了14种低压压气机试验件和13种高压压气机试验件，通过全新的结构设计，成功地解决了高、低压压气机工作不匹配的问题。

中国航空史上的华丽飞跃

2001年秋，“昆仑”发动机顺利地完成了所有的空中试验科目，并在同年12月通过了严苛的300小时寿命试车。2002年5月，经过定型技术审查，同年7月，正式被批准设计定型。这标志着历时18年的“昆仑”发动机研发任务终于圆满完成。

在“昆仑”发动机的研发过程中，科研人员进行了603项零部件试验，累计工时达到了数万小时。无论是试验项目数量、范围还是难度，都是在我国航空发动机研制历史上前所未有的。

根据我国航空发动机行业的传统，我国自主研发的发动机常常以国内的山脉来命名。于是，有人提议将这款发动机命名为“昆仑”。这个名字不仅代表了全体航空人艰苦奋斗和勇于攀登的精神，也象征着中国航空工业的一次精彩飞跃。

“昆仑”发动机的成功研制，意味着中国正式跻身于世界上能够独立研制航空发动机的国家之列，它翻开了中国航空发动机设计制造的新篇章，为中国航空工业的未来奠定了坚实的基础。

首枚CPU“龙芯一号”诞生

2002 年 8 月 10 日，在我国计算机领域里值得永远铭记。从那一刻起，中国人结束了只能用国外的中央处理器（CPU）制造计算机的历史。翻开中国计算机事业这崭新一页的是胡伟武，他带领科研人员以高度的爱国情怀和创造精神，成功研制出我国首枚拥有自主知识产权的通用高性能微处理芯片——“龙芯一号”。

结束通用 CPU 领域无芯片的历史

在国家信息安全的大棋盘上，自主计算机无疑是一枚关键的棋子。它不仅关乎国家的战略需求，更是保障信息安全的重要基石。早在 21 世纪初，我国已在计算机产业崭露头角，但由于缺乏对核心技术的掌握，尤其在

自主 CPU 与整机的设计及实现上，我们始终未能真正自主可控。这也导致了信息化成本居高不下，信息产业的利润日渐低迷，而信息安全更是一大隐患。

芯片，作为所有软件的基石，其重要性不言而喻。只有当芯片真正自主可控时，我们才能构建起一个安全可靠的产业生态。而这一目标，在 2002 年 8 月 10 日得到初步实现。当时，中国科学院计算技术研究所的青年科学家胡伟武带领团队，成功研制出我国首枚拥有自主知识产权的通用高性能微处理芯片——“龙芯一号”。这标志着我国在通用 CPU 领域告别了“无芯”的历史。

“龙芯一号”采用 32 位元处理器，内频高达 266 兆赫，且具有良好的低功耗性，平均功耗仅 0.5 瓦特。更值得一提的是，芯片内设计了一种特别的硬件机制，能在硬件层面上有效抵制诸如缓冲溢出类的攻击，大大增强了服务器的安全性。

2008 年，龙芯中科技术股份有限公司（简称龙芯）成立。借助市场力量，其研发成果迅速转化为实际应用。如今，“龙芯”已广泛应用于超声波热表、云终端、数据采集、网络设备、物联网等多个领域。而搭载“龙芯”的北斗卫星也在2015年3月31日成功升空并顺利运行，为我国的航天事业书写了新的篇章。

CPU 研发过程之艰难超出预料

芯片是信息产业的灵魂，通用 CPU 可以说是芯片中的“珠峰”。自主研发 CPU，难度很大。

在这个故事的起点，2001 年 8 月的一个清晨，当“龙芯”第一代产品“龙芯一号”成功启动操作系统时，龙芯 CPU 首席科学家胡伟武和团队成员在中国科学院计算所实验室里大声欢呼。

龙芯团队开始做 CPU 时，一些国外企业不相信中国人能做出来。面对质疑，胡伟武常说的一句话是：“在别人都不信的情况下，做给他看。”

自主研制芯片，胡伟武设想过种种困难，然而道路之曲折、过程之艰难，仍然大大超出他的预料。

就在流片（检验测试芯片是否符合设计性能和功能的过程）截止日期的前几天，测试组发现处理器的 1 万多个触发器的扫描链无法正常工作。如果不能及时修复，只能放弃流片。这意味着此前的努力可能白费。

别无选择，团队决定手工修改版图，连续工作了两天两夜，才把触发器的扫描链连上。

科研团队重新梳理流程，一再改版，让芯片最终达到了稳定状态。

2002年8月10日，我国首款通用CPU“龙芯一号”流片成功，终结了中国计算机产业“无芯”的历史。

从“难用”到“能用”，再到“好用”

经过10余年的发展，一直到2015年以前，龙芯的CPU仍然被评价为“难用”，用处理器打开一个20兆的测试文档，用时超过半分钟。

但功夫不负有心人。2016年，龙芯推出新一代高性能处理器产品——基于最新架构GS464E的四核处理器3A2000、3B2000。两款产品采用国内中芯国际的40纳米工艺生产，访问内存性能比之前提升了10倍之多，综合性能提升2—4倍。同样是打开20兆的测试文档，处理器所耗用的时间缩短至6秒。可以说，处理器的性能得到大大提升，终于到达了“可以使用”的程度。

此后，龙芯的发展明显提速。2019—2020年，龙芯先后推出了3A4000、3B4000、3A5000、3C5000、7A2000。新产品打开20兆的测试文档时间，已经少于1秒，可以对标主流产品，达到了“好用”的标准。从零的突破，到“好用”，龙芯花了近20年的时间。

“神舟五号”载人航天飞船成功发射

2003 年秋，一个特殊的日子刻在了中国的航天史上——10 月 15 日上午 9 时整，“长征二号 F”运载火箭如同一条巨龙，在酒泉卫星发射中心冲天而起。它搭载的是中国的骄傲——“神舟五号”飞船和航天员杨利伟。飞船历时 21 小时 23 分，完成了 14 圈的轨道运行，在宇宙中划出一道美丽的弧线。最终，在 10 月 16 日 6 时 23 分，返回舱平安降落在了内蒙古主着陆场。

“神舟五号”是中国载人航天工程的第五艘飞船，更是中国首艘载人航天飞船。它的成功发射，象征着中国航天事业跨入了新的纪元，也是 21 世纪中国航天事业一座崭新的里程碑。这一刻，中国航天事业站在了世界的前沿，为人类探索宇宙贡献了中国力量。

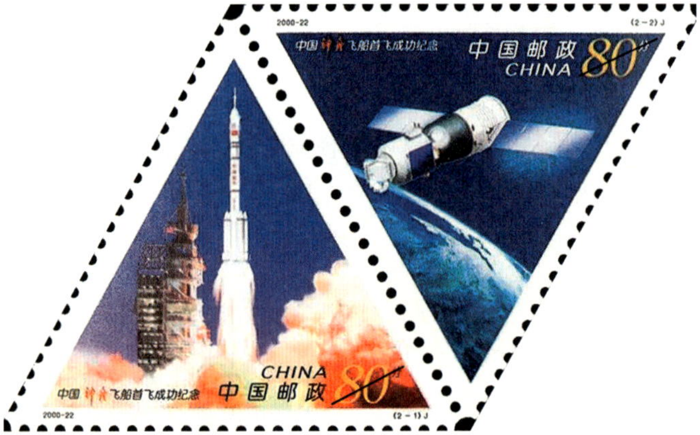

中国“神舟”飞船首飞成功纪念邮票

中国航天
CZ-2F

中国载人航天工程启动

1992 年 1 月 8 日，中央专门委员会召开会议，专门探讨中国载人航天的未来。同年 9 月 21 日，我国政府正式批准了“921 工程”——中国载人航天工程。

历经 7 年的砥砺奋进，1999 年 11 月 20 日，中国航天史上迎来了一个里程碑时刻。在酒泉卫星发射中心，第一艘试验飞船“神舟一号”划破长空，昂首向宇宙进发。仅仅 21 小时后，飞船便凯旋，成功着陆。这次飞行试验不仅是中国航天工程的首秀，更标志着中国航天技术取得了划时代的突破。

随后，中国航天人再接再厉，相继将“神舟二号”“神舟三号”和“神舟四号”三艘飞船送入太空。它们有一个共同的特点，那就是全部无人驾驶。“神舟”系列无人飞船如同勇敢的先行者，不断积累经验，为载人航天的征程铺就了坚实的道路。正是在这样的基础上，中国第一艘载人航天飞船“神舟五号”的研制工作逐渐提上日程，预示着中国航天人即将书写新的辉煌篇章。

回望历史，20 世纪 50 年代，苏联、美国已经开始了他们的载人航天之旅，而我国却在这项技术上落后了整整 40 年。然而，这并没有阻挡中国科研人员的脚步，反而激发了他们迎头赶上的决心。从 1999 年的无人飞船到 2003 年的载人航天，中国科研人员突破了载人飞船再入升力控制、应急救生、软着陆等 13 项关键技术，跨越了苏联、美国 40 年的发展历程，实现了惊人的飞跃。

艰难而创新的研发过程

在“神舟五号”载人飞船研发中，我国科研人员迈出了重要的一步，使飞船能够搭载 3 位航天员一同启程。“神舟五号”与“神舟四号”飞船基本相似，仍由推进舱、轨道舱、返回舱和附加段组成，但在细微之处有所改变，如“神舟五号”飞船的头部设计更为独特。“神舟四号”飞船内充满了各种实验仪器和物品，而“神舟五号”飞船内则为航天员尽可能地提供宽敞的空间。同时，“神舟五号”飞船的适用性极强，既能进行对地观测，又能作为未来空间交会对接的一个飞行器。

相较于“神舟”系列的无人飞船，保障航天员的安全在“神舟五号”上显得尤为重要。因此，科研人员采用了升力式再入返回技术，通过 GNC（计算机数字控制

机床）分系统进行升力控制。这比国外采用的弹道式再入更为先进，能大大提高飞船返回着陆点的精度，减轻航天员返回地面时所承受的过载痛苦。

此外，为了试验航天员环境控制与生命保障系统的性能，我们还采用先进的现代装置——模拟假人，模拟航天员消耗的氧气与排出的二氧化碳，通过地面医监台测试“航天员”的生理信号变化。

“长征二号F”火箭显神威

航天飞船是依靠火箭来运载的，而运载“神舟五号”飞船的火箭便是“长征二号F”捆绑式火箭，这是中国航天史上第一次用于载人航天的全新运载火箭。“长征二号F”火箭首次启用了55项新技术，其中的火箭故障检测系统和逃逸系统，更是世界级的难题。然而，中国空间技术研究院的研发团队并未退缩，他们迎难而上，成功研发出数百种火箭故障模式及逃逸判据。这一先进技术，达到了当时的国际领先水平。

2003年，为了确保首次载人飞行任务能够成功，中国航天科技人员进行了大量的可靠性及安全性验证试验。这些试验包括了飞船和火箭的发动机可靠性试车、各种活动部件的寿命及可靠性试验，电子设备的综合应力试验、缓冲性能试验以及着陆冲击试验等。

终于，在2003年10月15日，酒泉卫星发射中心迎来了历史性的一刻。随着一阵轰鸣，“长征二号F”运载火箭托举着“神舟五号”载人飞船，冲破大气层，直刺苍穹。航天员杨利伟，带着全民族的期待，开始了他的首次太空之旅。他几次向地球展示五星红旗，那一刻，全世界的目光都聚焦在了这里。

“神舟五号”飞船的成功发射，不仅是中国航天史上的一座里程碑，更使中国成为继苏联和美国之后，第三个独立掌握载人航天技术的国家。这一刻，中国的名字，与星辰大海紧密相连，闪耀着无尽的光芒。

三峡水利枢纽工程大坝主体竣工

2006 年 5 月 20 日，中国三峡水利枢纽工程大坝主体工程竣工。三峡水利枢纽工程是在我国长江上游段建设的大型水利工程项目。工程布局于重庆市到湖北省宜昌市的长江干流上。大坝位于三峡西陵峡内的宜昌市夷陵区三斗坪，并和其下游不远的葛洲坝水电站形成梯级调度电站。它是世界上规模最大的水电站，是我国也是世界有史以来建设的最大的水坝，成为我国重要的大型清洁能源生产基地。

考察三峡

一百年前的伟大设想

三峡水利枢纽工程最初是孙中山先生的一个伟大设想。1919 年，孙中山先生在《建国方略之二——实业计

划（物质建设）》（中译名）中提出过“当以水闸堰其水，使舟得溯流以行，而又可资其水力”。在战火纷飞的战争年代，孙中山先生的提议是不可能实现的。新中国成立伊始，就开始了对三峡水利枢纽工程建设的探讨。

从 1953 年到 1958 年，国家领导人先后去三峡实地进行考察，针对三峡工程建设选址工作做出部署。

但三峡项目的建设并不是一帆风顺的。在专家论证环节，有部分专家对修建三峡水利枢纽工程心存疑虑。相关专家在研究三峡大坝的设计方案时最大限度考虑到此前一些反对意见中提到的三峡工程可能遇到的问题，并对其进行反复研究和探讨。1960 年 4 月，水电部组织有关单位的专家 100 余人在三峡查勘，研究选择坝址。

1970 年，中央决定先建设葛洲坝工程。它作为三峡总体工程的一部分，一方面能解决华中用电供应问题，另一方面也为三峡工程做准备。

1970 年 12 月 30 日，葛洲坝工程破土动工，10 万名水电建设者齐聚长江西陵峡口。从开工之日起，机器轰鸣、尘土漫天的葛洲坝工地变得热闹起来。1981 年，葛洲坝第一期工程完工，实现了大江截流、蓄水、通航和第一台机组发电。

创造无裂缝大坝的奇迹

三峡工程的实际工程量是葛洲坝工程的 2.5 倍，是当时世界上最大的水电站伊泰普水电站工程量的 2 倍。巨大的施工总量、复杂的工序流程，以及高强度的施工作业，在国内外水电建设史上都是极其罕见的。

为满足三峡工程的施工需要，我国先后引进多臂钻，快速钻，正、反铲，胎带机，大型拌和楼，门塔机，缆机以及水轮机组等一大批先进设备，机械化程度实现了跨越式发展。

在大坝浇筑施工过程中，施工方创新施工方式，将砂石料分两次送入“冷风房”中降温，然后再加入冰块搅拌，将混凝土平均温度控制到 6.8℃，有效控制了混凝土温度裂缝的出现。

最终，建设者们用双手浇筑出了无裂缝大坝，再次让世界惊呼中国人的智慧。三峡水利枢纽工程不仅推动了中国水电水利事业的发展，也将世界水电水利项目的建设推向了新的高度。

长江三峡工程纪念邮票

三峡工程居功至伟

三峡工程是我国迄今最重大的水利枢纽工程，建设时间之长、耗资之巨、影响之深，至今没有任何工程可以超越。

三峡大坝从 1994 年开工建设，到 2006 年建成，创造了多个世界第一。它的轴线总长度达到了 2309.47 米，坝体高度为 185 米，使用的混凝土总量达到了 2794 万立方米。它的建造克服了许多世界难题，现如今的它依然是世界最大单体建筑，同时也是世界上规模最大的水电站。

在水资源利用方面，三峡水库每年枯水季节下泄流量为每秒 5500 立方米以上，为长江中下游补水 200 多亿立方米，改善了中下游地区生产、生活和生态用水条件。

高原巨龙：青藏铁路全线通车

青藏铁路通车纪念邮票

青藏铁路，这条连接青海省西宁市与西藏自治区拉萨市的巨龙，不仅是中国新世纪四大工程之一，更是目前世界上海拔最高、线路最长的高原铁路。它如一条丝带，穿越云端，紧密串联起雪域高原与内地。青藏铁路全长1956千米，分两期建成。第一期从西宁出发，翻山越岭，直至格尔木，于1984年5月完成通车。第二期从格尔木出发，继续向西直至拉萨，青藏铁路二期历经5年的艰辛建设，终于在2006年7月1日全线通车，标志着雪域高原正式融入全国铁路网。

青藏铁路，不仅是技术与勇气的结晶，更是人类与自然和谐共生的典范。它穿越了无数的高山峻岭，横跨了众多的江河湖泊，创造了西藏铁路运输史上的多项纪录。如今，这条巨龙已经成为中国的一张名片，向世界展示中国人民的智慧和力量。

连接梦想与未来的“天路”

一个多世纪以来，修建进藏铁路的梦想始终萦绕在中华儿女的心头。如今，这个梦想终于照进了现实。青藏铁路，这条连接梦想与未来的“天路”，正悄然改写着西藏的历史。

青藏铁路以青海省西宁市为起点，途经格尔木市，沿青藏公路南行，经纳赤台、五道梁、沱沱河、雁市坪，翻越唐古拉山，进入西藏自治区的安多、那曲、当雄、羊八井，最后进入拉萨市。然而，这条铁路的修建并非一帆风顺。早在新中国初期，铁路部门就开始了建设进藏铁路的论证和前期工作，但由于冻土等技术难题，铁路修建至格尔木市南山口止步。那时的青藏铁路，仿佛被冻结在了时间的冰河中，等待着春天的到来。

2001 年 6 月 29 日，是一个值得纪念的日子，青藏铁路格尔木至拉萨段全线开工。这条被寄予厚望的“天路”终于开始了它的新征程。无数铁路建设者们用他们的汗水和智慧，在雪域高原上书写着人类奇迹的篇章。

雪域高原上的“传奇”

在高寒的青藏高原，沉睡着一种特殊的自然体——冻土。它如同一个沉睡的巨人，时而温柔，时而暴躁，一旦受到外界温度的影响，就有可能发生种种未知的变化。为了解决冻土带来的冻胀和融沉问题，铁路建设者们像探险家一样，在冻土的世界里摸索前行。他们立项近 80 个课题，集结多个单位的精英联合攻关，经过无数次的试验和失败，终于探索出以桥代路、片石通风路基、通风管路基、保温板、热棒等工艺技术。这些技术的成熟和应用，如同神奇的魔法，让青藏铁路在冻土中穿梭自如。

在青藏铁路清水河试验段，两排高大的“铁棒”格外引人注目。这些无芯重力式热管，像是冻土的守护者，不需要任何动力，就能在冬季将管内热量带走，让路基保持低温。而在暖季，它们则停止工作，默默守护着冻土的安全。

此外，为了保护可可西里地区的珍稀动物，清水河

大桥的设计者们特意在桥墩间预留了 1300 多个桥孔，供野生动物自由迁徙。这些桥孔像是一座座小小的生命通道，让动物们在铁路两侧自由穿梭，展示了人类与自然和谐共生的美好景象。

通过不断创新和探索，中国人用智慧和勇气在冻土的世界里书写了一部传奇史诗。

中国铁路建设者的坚韧与智慧

在雪域高原的深处，青藏铁路如同一条巨龙，不仅连接了青海与西藏，更串联起了梦想与现实。这条巨龙，在蓝天与雪山的见证下，不断挑战自然极限，书写着无数世界之最的传奇。

当你站在海拔 5068 米的唐古拉车站时，仿佛能够触摸到天空的尽头。这里不仅是青藏铁路的最高点，更是世界上海拔最高的铁路车站。而穿过寒风凛冽的风火山隧道时，你又会惊叹于那海拔 4905 米的世界最高冻土隧道的雄伟与不凡。不只于此，青藏铁路还有全长 1686 米的昆仑山隧道，这是世界上最长的高原冻土隧道，见证了高原铁路建设的艰难与辉煌；还有那海拔 4704 米的安多铺架基地，作为世界海拔最高的铺架基地，它见证了中国铁路建设者的坚韧与智慧。

如今，青藏铁路已经成为一条世界著名的高原黄金旅游线路。从塔尔寺的佛教圣地，到金银滩的原子城，再到察尔汗的盐湖和雄伟的玉珠峰，青藏铁路沿线的美景令人目不暇接。它不仅是连接两地的交通动脉，更是连接人与自然、历史与未来的文化长廊。

“人造太阳”：EAST实验装置成功放电

地球万物生长所依赖的光和热，源于太阳核聚变反应后释放的能量，而支撑这种聚变反应的燃料氘，在地球上的储量极其丰富。如果利用氘制造一个“人造太阳”来发电，人类就有可能彻底实现能源自由。

2006 年 9 月 28 日，中国自主设计、自主建造的新一代热核聚变装置 EAST（即“全超导托卡马克核聚变实验装置”）首次成功完成放电实验。由此，EAST 成为世界上第一个建成并真正运行的全超导非圆截面核聚变实验装置。这意味着人类在核聚变能研究利用领域取得了重大进步，也标志着中国在这一领域达到了国际先进水平。

可控核聚变装置

什么是“人造太阳”？

太阳的巨大能量来自核聚变反应。核聚变是两个较轻的原子核聚合为一个较重的原子核，并释放出能量的过程。人们熟悉的核聚变反应是氢的同位素氘和氚的聚变。核聚变反应已在太阳上持续了50亿年。如果发明一种能够承受上亿摄氏度的高温并且能够控制氘和氚聚变稳定持续输出能量的装置，那就相当于发明了一个“人造太阳”，能够像太阳一样给人类提供无限的清洁能源。

相较于核裂变原理在核电站中的成熟应用，人类想要“驾驭”热核聚变反应，却面临着诸多难题与挑战。

核聚变发生的条件非常苛刻，这个过程首先需要在极度高温的条件中进行——原子核必须具备足够高的动能，如温度达到上亿摄氏度，才能克服原子核间的库仑排斥力，相互靠得足够近，以便让短程核间吸引力发挥主要作用。而且，高温高密度的反应条件需要维持足够长的时间，才能使核聚变反应得以持续进行。

“人造太阳”发的核电有什么优点？

现有核电站采用核燃料铀进行核裂变发电，但地球上可被开采的铀是有限的，而且核燃料铀在使用过后会变成具有高放射性的废料。高放射性核废料的半衰期可达数十万年之久，会对地球的环境造成严重污染。

“人造太阳”采用核聚变进行发电，其燃料是从海水中提炼的氢的同位素氘。1升海水里提取的氘，在完全聚变反应中所释放的能量，相当于燃烧300升汽油释放的热能。照此计算，地球上海水中含有的45万亿吨氘，足够人类使用上百亿年。停止核燃料的供应，聚变过程就会停止，就好像厨房里的煤气灶，关掉阀门后火就会熄灭，因此使用安全。此外，核聚变的反应产物为氦，对地球的环境没有污染。

虽然核聚变的原理说起来简单，但开发核聚变能源却是对人类的科学与技术极限的挑战。像太阳那样利用核聚变获得源源不断的清洁能源供应，是人类长久以来的梦想。

中国“太阳”如何点亮人类终极能源？

1998年7月，国家“九五”重大科学工程“HT-7U超导托卡马克核聚变实验装置”正式立项。2000年10月，

EAST 正式开工建设。

20 世纪 90 年代末，我国聚变工程技术和超导工业十分薄弱，没有研制大型超导磁体、大型低温系统的经历，国际上尚没有任何一个国家研制和建造过全超导托卡马克装置。我国科研团队发扬“没有条件创造条件也要上”的精神，在简陋的实验室内成功制造出关键部件和设备。

要在没有任何经验可借鉴的情况下，造出一个需要同时承载大电流、强磁场、超高温、超低温、高真空、高绝缘等复杂环境的装置，对工艺设计和材料提出了极高的要求。项目难度可见一斑。为了达到聚变实验装置所要求的条件，EAST 团队的科学工作者自主创新，自主设计、研发了大部分具有我国自主知识产权的关键技术，创造性地完成了 EAST 装置主机的总体工程设计。在研制 EAST 过程中，许多关键技术取得突破并达到国际先进水平。

2006 年 3 月，EAST 成功进行了首次工程调试。2006 年 9 月 28 日，EAST 首轮物理实验成功获得高温等离子体。历经 8 年艰苦奋斗和自主创新，世界上新一代全超导托卡马克核聚变实验装置在中国率先建成并正式投入运行，为未来清洁能源的利用和发展提供了实验研究平台。

“中国中铁1号”盾构机成功下线

2008 年 4 月 25 日，我国自主研发的复合式土压平衡盾构机“中国中铁 1 号”在中国中铁隧道集团盾构产业化基地正式亮相。这台盾构机直径高达 6.3 米，其最大掘进速度达到了每分钟 8 厘米，堪称业界的“巨无霸”。

这台盾构机的出色之处在于其强大的地质适应性，无论是软土还是硬岩，它都能轻松应对，真正实现了“软硬通吃”。在复杂的施工环境中，它展现出了卓越的性能，不仅在弯道施工中游刃有余，更在矿用振动筛转向纠偏、滚动纠偏等方面取得了重大突破。

作为中国“863”计划盾构产业化课题的杰出代表，“中国中铁 1 号”盾构机不仅代表了我国在盾构机领域的最高水平，更是国家科技实力的体现，为我国盾构机产业赢得了荣誉，填补了国内在这一领域的空白，是我国盾构机发展史上最重要的里程碑。

神奇的“地下建筑师”

盾构机是一种非常先进的地下隧道施工设备，它如同一位心灵手巧的地下建筑师，能够在不影响地面活动的同时，于地下创造出令人惊叹的通道。无论是城市的地铁线路，还是江底的过江隧道，甚至是穿越山脉的铁路、公路，盾构机都能够凭借其独特的施工技术，实现零干扰的地下施工。这种神奇的施工方式，不仅大大提高了施工的可行性，还降低了施工成本，同时，也保护了地面的建筑和历史遗迹。

然而，尽管盾构机具有如此强大的功能，但这项核心技术长期被德国、法国、加拿大、日本等少数国家垄断。在我国，盾构机市场九成以上的产品被国外品牌占据，而且价格高昂，让人望而生畏。

开启盾构机设计与制造之路

2002 年 10 月，在中铁隧道集团党委的领导下，一支由 8 名党员精英组成的研发团队踏上了科研探索之旅。他们的使命是为中国制造出领先的盾构机，开辟地下建设的新篇章。

历经 6 年的砥砺前行，中铁装备先后承担并完成了 5 项国家“863”计划的重要课题，包括“6.3 m 全断面隧道掘进机研究设计”“盾构掘进机刀盘刀具与液压驱动系统关键技术研究及其应用”“砂砾复合地层盾构切削与测控系统关键技术研究及应用”“大直径泥水盾构消化吸收与设计”“复合盾构样机研制”。这 5 项国家“863”计划课题，涉及复合盾构机的设计与集成、六自由度管片安装技术、螺旋输送机结构优化、带压进舱安全系统、导向与盾构姿态控制等多个尖端技术领域。这些科研攻关，不仅解决了盾构掘进过程中的失稳、失效和失准等关键问题，更推动了盾构机自主设计制造技术的巨大飞跃。

在团队的共同努力下，土压、泥水和复合三大类盾构系列产品相继诞生，标志着中国盾构机设计与制造能力的全面崛起。从关键技术到整机制造，中铁装备走出了一条不平凡的创新之路。

中国中铁
中国中

2008 年 4 月 25 日，备受瞩目的“中国中铁 1 号”盾构机下线，标志着中国盾构机技术从关键技术的突破迈向了整机制造的巅峰。它向世界展示了中国制造的强大实力与无限潜力。

圆满完成掘进任务

2009 年 2 月 6 日，“中国中铁 1 号”盾构机在天津地铁 3 号线营口道站成功始发。2009 年 6 月 12 日，它抵达和平站，成功完成了全长 1009.8 米的工业性试验。这是一段充满挑战的旅程，它穿越诸如名人故居、“瓷房子”、天津电报总局、渤海大楼等具有深厚历史底蕴的建筑。然而，“中国中铁 1 号”盾构机凭借它的精湛技艺，不仅成功穿越了这些历史风貌建筑，还解决了在复杂环境下使用盾构法修建地铁的技术难题，让这段地铁工程取得了前所未有的良好效果。

走向深海："蛟龙号"载人深潜器

"蛟龙号"载人潜水器纪念邮票

在我国科技飞速发展的浪潮中，"蛟龙号"载人深潜器无疑是一颗璀璨的明星。这款由我国自主研发的深海载人潜水器，拥有世界顶尖的下潜能力，设计最大下潜深度达 7000 米。2012 年 6 月 27 日 11 时 47 分，它成功在马里亚纳海沟下潜至 7062 米，再次刷新了"中国深度"的纪录。

深海中蕴藏着丰富的矿产资源、生物资源，而"蛟龙号"的出现，让我国的深海研究和勘探能力达到了国际领先水平，也意味着我国的深海资源的开发与利用迎来了新的篇章。

蛟龙

7000米水压下一元硬币会压成薄片

在“蛟龙号”横空出世之前，仅美国、日本、法国与俄罗斯这四国拥有载人深潜器。这些国家的“深海巨兽”最大潜航深度达到了惊人的6500米。然而，中国的科技雄心不止于此。

为了深入广袤的海洋秘境，发掘海底无尽的资源，探索海底无数的科学之谜，2002年，科技部将“蛟龙号”载人深潜器的研发，列入了国家高技术研究发展计划（“863”计划）的重大专项。这一项目不仅能够让中国深海运载技术实现突破，更可以为海底资源调查和科学研究提供前所未有的技术支持。

在国家的统一部署下，中国大洋矿产资源研究开发协会承担了这项重任，中船重工集团公司第七〇二研究所承担总装工作。与此同时，中国科学院沈阳自动化研究所和声学研究所等国内顶级科研机构与企业联手，共赴这场深海探索的盛宴。

回想“蛟龙号”立项之初，我们的载人潜水器下潜深度仅停留在600米。从600米到7000米，这是一次技术上的巨大跨越。要知道在7000米水压下，一元硬币也会压成薄片，而我们的研究人员不仅需要克服这些压力，还要保证潜水器的壳体与装置能够经受住挑战，同时确保身处其中的潜航员始终处于常压环境。这是一项多么艰巨的任务！

“蛟龙号”取得多项创新性成果

在众多企业和研究机构的共同努力下，“蛟龙号”取得了前所未有的创新成果。我国科研人员经过无数次的推理论证、模型设计和实际试验，成功解决了钛合金载人球壳的制造、高压海水环境下的压力平衡等难题。现在，“蛟龙号”已经能够深入到超过7000米的海底，展现出强大的作业能力。

陆地上的通信主要依靠电磁波，其速度之快令人惊叹。但在水中，电磁波的作用却大打折扣，潜水器只能深入几米。为了确保“蛟龙号”与母船之间的通信畅通，科学家们研发了一种尖端的高速水声通信技术。这种声呐通信技术让“蛟龙号”在深海中也能自如地传递信息，极大地增强了其探测和通信能力。

此外，“蛟龙号”还拥有独特的水动力设计，其流线型主体、X 形稳定翼以及 7 个矢量布置的推力器，共同构成了高效的水动力布局。通过手动和自动两种控制模式，“蛟龙号”可以轻松完成巡航、悬停、爬坡等多种复杂任务。

安全性是“蛟龙号”设计的重要考量因素。潜水器装备了生命支持系统、应急供电系统和面罩式呼吸装置，全方位保障舱内人员的生命安全。同时，电路故障检测系统可以实时监测并预防电源短路、载人舱漏水等可能出现的故障，确保每一次深海探索都能安全进行。在紧急情况下，潜水器还能释放应急浮标装置，让舱内人员及时获得救援。

完全自行设计的“中国龙”

从初露峥嵘的前期设计，到精密细致的详细规划，再到总装联调的精湛技艺、水池实验的反复打磨，最后到惊涛骇浪中的海试，有着传奇历程的“蛟龙号”是一条完完全全由中国人自己设计、自主集成的“中国龙”。

自“蛟龙号”顺利交付以来，它在 2009 年至 2011 年间，以破竹之势，完成了 1000 米级、3000 米级、

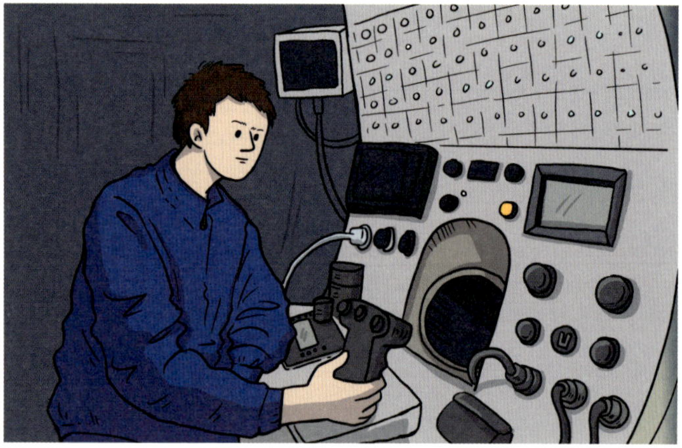

5000 米级的海试，各项性能指标得到了实战的检验。

2012 年 6 月 15 日至 30 日，“蛟龙号”在马里亚纳海沟大展神威，进行了 6 次深潜，最深达到 7062.68 米，突破了设计理论值，书写了新的深海探险记录。

2012 年 7 月 16 日，搭载“蛟龙号”的试验母船“向阳红 09”抵达青岛。这一刻，“蛟龙号”历经 10 年的研制和海试工作终于画上了圆满的句号。

“蛟龙号”的成功，不仅是科研人员辛勤汗水的结晶，更是中国深海探索事业的辉煌标志。它极大地激发了中国科技工作者探索深海大洋、解开海洋奥秘的决心和信心，彰显了中国在深海科技领域的卓越实力和无限可能。

大国鲲鹏：运-20大型运输机首飞成功

运-20大型运输机纪念邮票

运 -20 是中国自主研发的新一代大型运输机，由多家航空工业企业共同参与研制。2013 年 1 月 26 日，运 -20 在西安阎良成功首飞，标志着中国拥有了属于自己的大型运输机，中国也成为世界上第四个能够研制大型运输机的国家。正如当时媒体公开报道所述：“运 -20 的成功根植于中国不断提升的国力，更是举国之力完成巨型工程的典范。”2016 年 7 月 6 日，运 -20 大型运输机正式列装空军航空兵部队。

复杂条件下执行长距离运输任务

若把一个国家比作巨人，那么空中运输与远程投放的能力就是这个巨人延展的手臂。运 -20 大型运输机的

运-20执行空中加油任务

成功，映照着中国酝酿已久的“张国臂掖，以通四海”的壮阔雄心。

从设计伊始，经过 5 年多的奋斗，科研人员终于把运 -20 从图纸上的数据变成了翱翔天际的巨鹰，中国自此成为世界上少数几个具备自主研制大型运输机能力的国家。这架代号为“鲲鹏”的运 -20，映射着中国几代航空人的大型运输机之梦。

运 -20 可在复杂气象条件下执行各种物资和人员的长距离航空运输任务，是我国大飞机设计制造技术取得的突破性进展，对推进我国经济和国防现代化建设，应对抢险救灾、人道主义援助等紧急情况，提高空军战略投送能力和我国军队履行使命任务能力具有重要意义。

巨鹰展翅翱翔

2013 年 1 月 26 日下午，运 -20 在西安阎良基地进行首飞，历时 1 个小时，全程由一架歼 -15 飞机陪同拍摄。运 -20 采用 4 台发动机和高 T 形尾翼的设计，机长 47 米，翼展 45 米，最大起飞质量 220 吨。这架代号为“鲲鹏”的运 -20 主要由中航工业集团研制，最高载重量达 66 吨。曾经参与研制和试飞的人员披露，运 -20 在内部的昵称是“胖妞”。运 -20 使用复杂的前缘缝翼和巨大的后缘三缝襟翼，这最大限度为飞机在起降阶段增升，使其最短能在 600—700 米距离内起飞，使用多柱式起落架，可在条件恶劣的简易机场起降。

运 -20 在首飞之前需要在跑道上进行滑行测试，速度慢的叫低滑，稍微快一点的叫中滑，最快的叫高滑。高滑的时候，飞机的起落架甚至会完全离地。每次高滑，飞行员都会把飞机的速度增加一点，一次比一次更接近飞机起飞的速度。在外人看来，每次滑行测试的速度和飞机姿态没有什么区别，可在研制人员眼里，飞机的每一次滑跑都是“鲲鹏”在成长路上的重要一步。

运 -20 增加洲际战略投送能力

专家介绍，大型军用运输机按用途划分为战略和战术两类。战略运输机主要承担洲际的远距离投送，最大起飞质量一般超过 150 吨，载重量超过 40 吨，正常装载航程超过 4000 千米。战术运输机一般为中小型飞机，主要用途是在战区附近承担近距离运输任务，起飞质量 60—80 吨，载重量 20 吨，航程为 3000—4000 千米。

在多项技术指标直指世界先进水平的同时，拥有后发优势的运 -20 在信息化、智能化方面也令人惊喜。正如运 -20 机务人员所说：“运 -20 是个聪明的现代化飞机，会用现代化的方式‘表情达意’。透过一声一动，我们已经能清晰感知它的‘身体状况’。”

此前，战略运输机是我国的短板，没有自主研制的大型军用运输机是原因之一。和海上运输、陆上运输相比，大型军用运输机可在最短时间内增派人员和提供装备，提高空军的持续作战能力。拥有运 -20 后，我国空军的洲际战略投送能力大大增强。此外，还可以通过它改装大型空中加油机、大型预警机等多种机型。运 -20 的研发技术也可用于研制战略轰炸机。

五年首飞、八年交付，运 -20 的研制历程创造了中国制造的中国速度，用加速度走出了一条自主创新研发大飞机的成功之路。

运-20座舱先进的电子系统

“定海神针”：“海洋石油981”钻井平台完成钻探任务

锚泊固定后“海洋石油981”平台的工作示意图

钻井平台，是用于钻探海底井口的海上结构物。平台上常置钻井、动力、通信、导航等设备，并附加了安全救生与人员生活的设施，是海上油气勘探开发最重要的工具。

2015年8月24日，我国自主设计、建造的第六代海上钻井平台“海洋石油981”承钻的我国首口深水高温高压探井——陵水25-1S-1井顺利完钻。这是我国在南海的又一口重要探井，它的完钻能够进一步探明南海天然气储量，也表明我国已攻克深水、高温、高压等在南海油气勘探开发中存在的世界级难题。

海洋石油

南海上的“定海神针”

长期以来，境内石油资源的匮乏，使得我国处于世界石油产业链的下游。与此同时，有 246 亿吨的石油与 16 万亿立方米的天然气蕴藏在我国南海的大陆架上。这些开采难度极高的宝藏，出于种种技术、环境原因，令人望而却步。

在海洋油气资源开发领域中有一条共识：我国南海有全世界最恶劣的钻井作业环境，平均水深为 1200 米，最深处达到 5500 米。这意味着我国面临着深海勘测与开采等困难。

面对恶劣的南海自然环境，以及钻井平台建设的技术垄断，我国迎难而上，经过几十年的技术研发与积累，选取可变载荷大、抗风浪能力强、适应水深范围广、作业功能全面的半潜式钻井平台进行集中研发。2008 年，由我国独立研发建造的第六代深水半潜式钻井平台——“海洋石油 981”开始建造，2011 年顺利竣工。

“海洋石油 981”钻井平台半潜于海面，长 114 米，宽 89 米，高 117 米。甲板面积相当于一个标准足球场的面积；甲板室顶部配备直升机起降平台，平台上满是

蓝鲸1号

蓝鲸2号

机械手臂，矗立海面，宛如钢铁巨人。

“海洋石油 981”钻井平台最大作业水深可达 3000 米，最大钻井深度 1 万米，还装备 8 台 4.4 万千瓦的柴油发电机和 8 个推进器，每个推进器都有很大的拉力。此外，“海洋石油 981”钻井平台还可以开着船走，最大航速可达每小时 8 节，遇到风暴、台风，撤离反应时间快。

“海洋石油 981”还首次采用最先进的本质安全型水下防喷器系统，即在电、液信号丢失的情况下，靠水下储能器控制，可自动关闭井口。这就能有效防止类似墨西哥湾漏油事故的发生。

随着科技的快速发展，我国又先后研发了“蓝鲸 1 号”“蓝鲸 2 号”超深水半潜式钻井平台，成为继美国、挪威之后第三个具备超深水半潜式钻井平台的设计、建造及使用一体化综合能力的国家。

“中国天眼”：FAST落成启用

500米口径球面射电望远镜纪念邮票

在我国贵州省黔南布依族苗族自治州平塘县克度镇大窝凼的喀斯特洼坑中，有一座壮观的天文科技设备——500米口径球面射电望远镜，简称FAST。它的接收面积相当于30个标准足球场面积之和，因而被誉为“中国天眼”。此项工程的构想由著名天文学家南仁东先生在1994年提出，经过22年的辛勤建设，终于在2016年9月25日落成启用。

FAST不仅是中国自主知识产权的骄傲，更是目前世界上最大单口径、最灵敏的射电望远镜。与著名的射电望远镜阿雷西博相比，FAST的综合性能是其10倍。它犹如一只巨大的天眼，追寻宇宙的奥秘，让人类对宇宙的探索又迈进了一大步。

FAST 是一项代表中国科技实力和创新精神的伟大工程，它将为全人类的科学进步和探索宇宙的奥秘发挥无可替代的作用。

建造新一代射电“大望远镜”

在 1993 年的国际无线电科学联盟大会上，天文学家们齐聚日本东京。他们来自不同的国家，包括中国、澳大利亚、加拿大、法国、德国、印度、荷兰、俄罗斯、英国和美国，共同探讨射电望远镜的综合性能发展趋势。为了更好地观测宇宙中的中性氢，这些科学家发起了一项建造新一代射电“大望远镜”的倡议。他们希望在全球电信号环境遭受破坏之前，能够捕捉到更多的射电信号。

1995 年 11 月，北京天文台联合国内 20 余家大学和科研机构，组建了“大射电望远镜”中国推进委员会，南仁东研究员担任主任。科学家们提出了一个创新的方案：利用中国西南部的喀斯特地貌，建造一个类似于阿雷西博型 LT（总接收面积 1 平方千米的射电阵）的射电阵列。此项目不仅是要建造一个射电望远镜，更是要创造一个科技工程奇迹。科学家们需要通过精密的设计和建造，打造出一个具有国际领先水平的射电阵列。

不断创造奇迹的“中国天眼”

建造 FAST 是一项前所未有的挑战。选址的困难程度超乎想象，合适的洼地如同一颗稀有的宝石，需要同时满足地质优良、远离人口密集区域、足够大且足够圆，以及不能积水等一系列严苛的条件。从 1994 年到 2006 年，南仁东及其团队从数千份地图中、从无数个潜在的洼地中筛选出几十个位置，并踏勘每一个地点。他们穿越山川河流，风餐露宿，终于在贵州平塘县克度镇的大窝凼洼地找到了“满意的答案”。

当位置确定后，设计和建造的旅程才刚刚开始。这是一片无人涉足的领域，没有先例可循，每一项关键技术和材料都需要从零开始研发。FAST 的设计充满了创新和突破。以索网设计为例，科学家们不断地挑战极限，对钢索进行 200 万次的疲劳实验，只为寻找那极致的坚韧与精度。而射电望远镜馈源舱的设计更是独树一帜，采用轻型索驱动控制系统，能够自如地改变角度和位置，

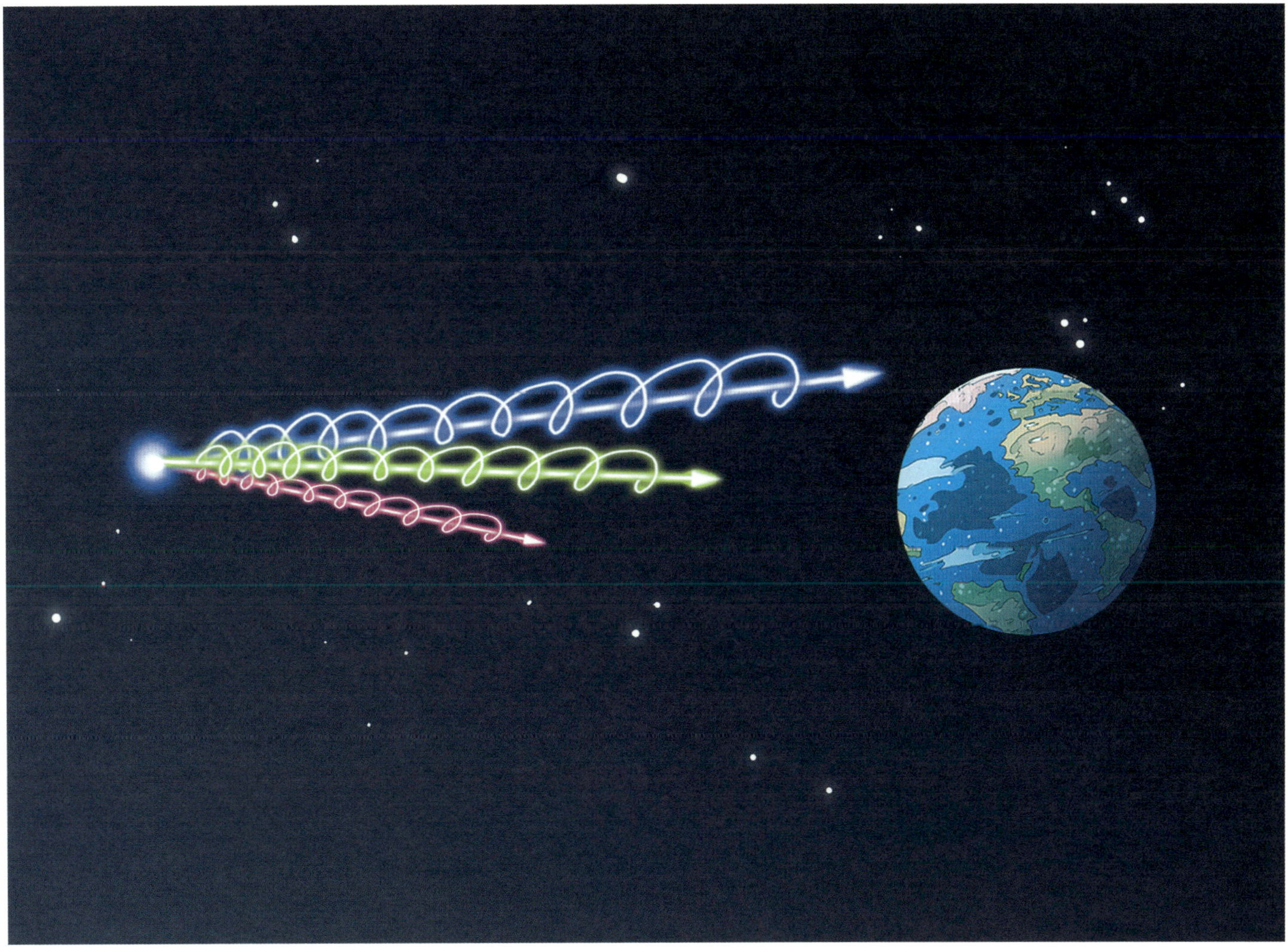

射电望远镜电磁波

从而更有效地收集、跟踪、监测宇宙中的电磁波。

南仁东，这位 FAST 工程的发起者和奠基人，为工程的每一步进展倾注了无数心血。他以高瞻远瞩的视野和深厚的技术底蕴，全面指导了 FAST 的建设。即使在 70 多岁高龄，身患重疾的情况下，他依然坚守在工程一线。他主持攻克了索疲劳、动光缆等一系列技术难题，确保了这一重大工程的顺利推进。南仁东的精神和贡献，无疑为 FAST 的成功铸造了坚实的基石。

未来科技领域大放异彩

2020 年 1 月，我国迎来了一个历史性的时刻："中国天眼"顺利通过验收，正式投入运行。

2021 年 3 月 31 日起，"中国天眼"向全世界天文学家发出邀请，征集观测申请。中国以开放合作的态度，向全球科研人员提供这一重大科研基础设施，共同揭开宇宙的神秘面纱。这一壮举，也将促进更多科学成果的产出，为全人类的文明进步贡献中国力量。

"中国天眼"的成功，得益于其全新的设计思路和得天独厚的台址优势。它突破了传统望远镜的百米工程极限，开创了建造巨型射电望远镜的新模式。这一创新性的设计，不仅体现了中国在科技领域的实力，更向世界展示了人类对未知世界的探索精神。

展望未来，"中国天眼"将在众多基础研究领域提供宝贵的发现和突破机遇，无论是在宇宙大尺度物理学、物质深层次结构和规律等研究领域，还是在日地环境研究、国防建设和国家安全等方面，都将发挥不可替代的作用。它的存在，不仅为人类文明进步做出重大贡献，更为全世界的科研人员提供了一个共同追求科学真理的平台。

中国的大型客机C919首飞成功

2017年5月5日，大型客机C919成功首飞，标志着我国大型客机项目取得重大突破，成为世界上少数几个拥有研制大型客机能力的国家。客机C919，全称COMAC C919（中国商飞C919），是由中国商用飞机有限责任公司于2008年，按照最新国际适航标准开始研制的、具有自主知识产权的干线民用飞机。

C919为国产中短程干线客机，基本型布局为168座，标准航程为4075千米，增大航程为5555千米，经济寿命达9万飞行小时，与空客A320、波音737属同一级别。C919的诞生，成为航空界的一颗璀璨新星，不仅见证了中国航空工业的实力，更展现了中国自主创新的勇气和智慧。

C919
C919
C919

中国人的大飞机梦

大飞机技术，象征着科技、工业与综合国力的巅峰，对于任何渴望走在时代前沿的国家来说，都是一个不可或缺的梦想。大型客机 C919 项目于 2006 年被列入国家十六个重大科技专项之一，这标志着我们的“中国造大飞机”梦想已经正式启动。

2008 年 5 月 11 日，中国商用飞机有限责任公司在上海正式成立，意味着我国的大飞机梦想已经扬帆准备全面启航。这一切，都证明了我们对大飞机技术的坚定信念和不懈追求。中国的大飞机，正在向着辉煌的未来不断前进。

中国航空工业自主创新的辉煌篇章

从图纸上的一笔一画，到现实中的展翅高飞，C919 的每一个细节都充满了传奇色彩。在这款国之重器的研制过程中，技术团队面临着前所未有的挑战。以整体壁板数控喷丸成型技术为例，这项技术曾长期被国外垄断，成为制约我国大型客机研制的核心难题。我国的科研人员迎难而上，通过艰苦的基础理论研究和系统性试验，终于攻克了复杂外形结构整体壁板预应力喷丸成型等一系列关键技术，更让我国跻身掌握机翼壁板数控喷丸成型技术的国家之列。

作为 C919 机体结构的主要制造商之一，中航工业哈飞公司承担了机身复合材料部件的制造任务，涵盖了主起落架舱门、前起落架舱门、翼身整流罩和垂直尾翼等多个关键部件。中航工业哈飞公司的研制团队凭借过硬的技术实力，成功制造出符合制造规范的各种部件。C919 的研制过程，不仅是技术突破的历程，更是中国航空工业自主创新的辉煌篇章。

C919 作为我国首款完全按照国际适航标准和主流市场需求研制的干线飞机，如同一条巨龙，在全球干线飞机的舞台上崭露头角。长久以来，波音和空客像两座巍峨的山峰，屹立在民用航空领域的高峰之上。而 C919，正是那个敢于挑战高峰的勇士。它的出现，或将改变现有的飞机市场格局，为全球民用航空工业注入新的活力。

中国速度：“复兴号”动车组双向首发

2017年6月26日，我国标准动车组“复兴号”在京沪高铁的两端——北京南站与上海虹桥站，进行了历史性的双向首发。这一重磅消息，让全世界都看到了中国在高铁技术方面的巨大突破。

中国铁路总公司历经3年的艰苦研制，才让“复兴号”得以与世人见面。它不仅是中国标准动车组，更拥有完全自主知识产权，技术水平进入世界先进行列。这一刻，中国的高铁不再只是模仿和追赶，而是站在了世界的最前沿。

“复兴号”动车组纪念邮票

2017年9月21日，全国铁路实施新的列车运行图，“复兴号”动车组在京沪高铁上实现了350千米的时速运营。这意味着，从北京到上海，全程的运行时间被缩

短到了4.5小时左右。这一速度，不仅让国人惊叹，也让世界惊叹。中国，成为世界上高铁商业运营速度最快的国家，实现了从追赶到领跑的华丽转身。

打造自己的高速动车组

2007年，铁路第六次大提速揭开了中国铁路新的篇章。那一年，“和谐号”动车组犹如一道闪电，标志着中国铁路全面实施自主创新战略取得了重大突破。它不仅成为中国高铁产业的中坚力量，更引领中国铁路正式迈入高铁时代。回首过去，中国的动车组从最初的“引进”系列，迅速发展到了380A/B/C/D系列，再到CR400AF/BF系列，只用了短短10年时间。这样的速度，不仅是中国铁路的骄傲，更是世界铁路发展史上的奇迹。

每一次的前进都伴随着挑战。尽管我国已有三代、多种型号的动车组，但车型的多样化使得维护和修理变得复杂。为打破这一困境，2012年起，在中国铁路总公司的引领下，我国集结了多方力量，包括中国铁道科学研究院和中车集团，共同开展中国标准动车组的设计和研发工作，目标是打造一个适合中国国情、路情的动车组设计制造平台，推动中国高速铁路动车组的自主化、标准化和系列化。这不仅是一次技术的飞跃，更将是一次从“制造”到“创造”的蜕变。

自主创新的“中国速度”

“复兴号”不仅在整体设计上独树一帜，更在车体、转向架、牵引、制动、网络等关键技术上，打下了中国自主研发的烙印。

齿轮箱，作为“复兴号”的核心部件，如同汽车的变速器一样，关乎列车运行的稳定与安全。过去，高铁列车的齿轮箱依赖进口，但我国科研人员通过不懈努力，成功研发出具有完全自主知识产权的CW350（D）齿轮箱，为“复兴号”动车组的稳定运行保驾护航。

不仅如此，“复兴号”上的电机摩擦盘、刷架等关键部件，也从过去的依赖进口，转为中国自主研发制造。电机摩擦盘这看似普通的部件，实则需要兼具高耐磨、高稳定、耐高低温及高导电率等诸多特性。我国自主研发的电机摩擦盘已经达到甚至超越了国际同类产品的水平。

“复兴号”还建立了一套体系完整、结构合理、科学先进的技术标准体系。无论是动车组的基础通用、车体设计、走行装置，还是司机室布置、牵引电气、制动及供风系统，乃至列车的网络标准、运用维修等方方面面，都展现出国际先进水平。

中国高铁“从追赶到领跑”

“复兴号”中国标准动车组的强大令人惊叹。这列“科技巨兽”，能实时感知并监测自身的运行状况。列车内部的传感器，无声无息地采集着多达 1500 余项的车辆状态信息，从安全性能到环境温度，无一不包，让工作人员能深入了解列车运行的每一个细节。而且，如果列

车出现任何异常，“复兴号”会自动报警，甚至在必要时进行干预。为了乘客的安全，它还具备自动限速或停车的功能。这种前瞻性的设计，无疑给乘客提供了强大的安全保障。

另外，“复兴号”还拥有远程数据传输功能，这意味着无论列车在何处运行，工作人员都可以实时获取车辆的状态信息。这种能力大大提升了地面同步监测和远程维护能力，使列车的维护和监测更为高效。

“复兴号”的诞生，是中国高铁发展史上的一个里程碑。它打破了依赖外国制造关键零部件的局面，实现了从追赶到领跑的关键转变。这标志着中国在动车组制造方面已经取得了质的飞跃，向着制造强国的目标稳步前进。“复兴号”的每一次飞驰，都是中国工业力量的见证，是科技与创新的融合展现。

海洋重器：055型导弹驱逐舰下水

055 型导弹驱逐舰是中国自主研制的新型万吨级驱逐舰，突破了大型舰艇总体设计、信息集成、总装建造等一系列关键技术，装备有先进的武器和雷达系统，具备高度的信息化和自动化水平，是海军实现近海防御、远海护卫战略转型发展的标志性战舰。

可靠的“空中保护伞”

1968 年 2 月，中国船舶重工集团公司第七研究院向有关单位下达了开展大型火炮导弹舰战术技术和方案论证的任务，并确定设计代号为 055。

20 世纪 90 年代，中国船舶工业部门设计建造了 051B 型驱逐舰深圳舰，后又设计建造了两艘 052B 型

驱逐舰——广州舰和武汉舰。2005 年，配装大型有源相控阵雷达和舰空导弹垂直发射系统的两艘 052C 型驱逐舰——兰州舰和海口舰交付服役。随后，相关部门又在 052C 型的基础上升级建造了 052D 型驱逐舰。中国舰船建造的新进展，为重新开始新的大型驱逐舰研制奠定了基础。

中国首艘 055 型导弹驱逐舰南昌舰于 2014 年 12 月在江南造船厂开建，2017 年 6 月 28 日下水，2019 年 4 月 23 日参加海上阅兵时正式公开亮相，2020 年 1 月 12 日正式入列服役，舷号为 101。2021 年 3 月 2 日，中国海军装备的第二艘 055 型万吨驱逐舰拉萨舰正式入列，舷号为 102。2021 年 4 月 23 日，第三艘 055 型驱逐舰大连舰交接入列，舷号为 105。

055 型导弹驱逐舰生逢其时、肩负重任，其强大的单舰作战能力和体系化的协同作战能力，可为中国海军航母战斗群和水面舰艇战斗群撑起更加可靠的“空中保护伞”。

提前造好的“全电子样船”

055 型导弹驱逐舰舰体长 180 米，舰宽 22 米，满载排水量约 1.2 万吨，是中国海军驱逐舰家族的“老大”。

为了在生产过程中尽可能地减少错误，在建造 055 型驱逐舰之前，江南造船厂的设计院就已经在电脑上建造了“全电子样船”，实现从设计到生产的无缝对接。

防空反导一体化，战力倍增

055 型导弹驱逐舰排水量超过万吨，垂直发射系统可以混合配载多种导弹，携带超过百枚导弹，安装的双波段某型相控阵雷达，为组织指挥防空反导作战提供了更敏锐的“视力”和更聪明的“脑力”，配载的国产某型舰空导弹，具有末段低层反导拦截能力，能够实现防空反导一体化。

055 型导弹驱逐舰的通用导弹垂直发射系统可以配载改进版远程巡航导弹，与其他军种的相关作战平台形成陆基、海基、空中三位一体的巡航导弹突击作战能力，为中国海军远程对地精确打击能力建设奠定了重要的物质技术基础。

“悟空号”卫星探测暗物质取得重大突破

2017年11月30日，我国首颗暗物质科学卫星——“悟空号”在轨运行近两年，成功获取了目前国际上精度最高的电子宇宙射线探测结果。该结果或有助于增进科学家对主宰宇宙的暗物质的理解。

小小的身体里藏了近8万个探测器

《西游记》中，齐天大圣孙悟空一个筋斗云就能翻越十万八千里，并拥有“火眼金睛”的本领。“悟空号”卫星也是名副其实。

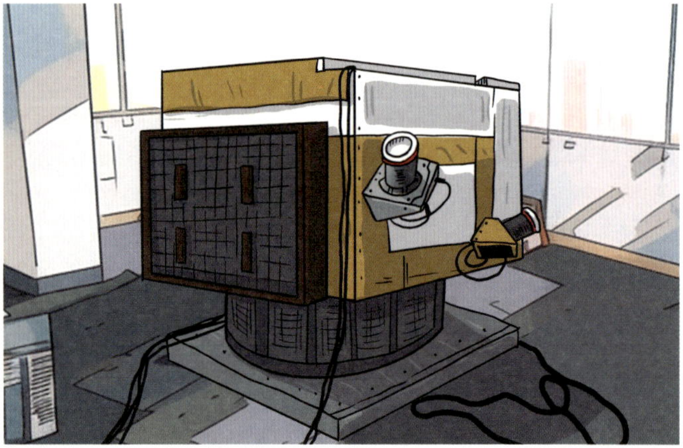

“悟空号”卫星身体里搭载了近8万个探测器

“悟空号”卫星，全名为暗物质粒子探测卫星，于2015年12月17日发射升空，是中国科学院空间科学战略性先导科技专项一期首批立项研制的4颗科学卫星

之一，每 95 分钟就能绕地球一圈，每天能观测到宇宙中 500 万个高能粒子。

“悟空号”卫星长 1.5 米，宽 1.5 米，高 1.2 米，整体质量 1.85 吨。“悟空号”小巧的身体里搭载了近 8 万个小探测器，它们是“悟空号”的“火眼金睛”，探测的目标则是对人类“隐身”的暗物质。

“悟空号”卫星收集探测的并非暗物质本身，而是暗物质粒子碰撞后产生的高能伽马射线和宇宙射线等“蛛丝马迹”。研究人员对收集到的数据开展科学分析，便能间接找到暗物质存在的证据。

最精确的观测取得开创性发现

据科研人员介绍，“悟空号”卫星在轨运行的前 530 天共采集了约 28 亿高能宇宙射线，包含 150 万高能电子。基于这些数据，科研人员成功获取了目前国际上精度最高的电子宇宙射线探测结果。

相比国外的空间探测设备，如美国费米卫星等，“悟空号”卫星在能量测量范围、能谱的准确性等方面均有显著优势。最引人瞩目的发现是能谱的高能段出现了一组“异常”数据，使能谱曲线在这里变得尖锐。参与“悟空号”卫星结果分析的中国科学院紫金山天文台研究员表示：“这预示着此处存在能谱精细结构。分析显示，这一结构产生的原因最有可能是暗物质。不过还需要更多数据加以确定。”“一旦该精细结构得以确证，将是粒子物理或天体物理领域的开创性发现。”科研人员表示，目前“悟空号”卫星正以良好的状态持续工作，收集来自深空的更多数据。

火眼金睛为“看清”暗物质而来

探索暗物质的物理本质，是目前国际上粒子物理和天体物理领域的最重大问题之一。

暗物质是标准粒子物理模型无法解释的物质。天文观测表明，宇宙中的暗物质比人类目前熟悉的普通物质要多5倍。但是暗物质不发光、相互作用弱，因而很难直接研究。

为此，科学家先后采用了加速器、地下直接探测、空间间接探测等方式对暗物质进行“管中窥豹”。其中空间间接探测就是“悟空号”卫星所采用的方法，它需要高能量分辨、高空间分辨、高统计量、低本底的高能粒子望远镜。

“悟空号”卫星瞄准这个方向，用中国科学家特有的设计方案和中国工程师独特的探测器制造技术，实现了国际上最精确和最高效的探测。

截至2022年底，“悟空号”卫星已在轨飞行了7年。作为中国科学院空间科学战略性先导科技专项一期发射的首颗卫星，“悟空号”的设计寿命本来只有3年，但直到现在，8岁多的“悟空号”仍然保持着旺盛而充沛的活力。

“悟空号”卫星在太空“超期服役”，离不开地上中国科学院国家空间科学中心科学卫星综合运控中心的努力。

科学卫星的发射，目的是观测太空，获取科学数据。虽然天地之间没有“网线”连接，但卫星下传数据的速度可不慢，能够达到每秒150兆至300兆，每天要向地面下传约16000兆的原始科学数据。

收到原始科学数据后，数据中心首先要解压缩并提取有效的数据源包，确认数据片段没有缺失，随后再进行排序、时间校正等一系列处理，以确保科学数据产品的完整性和正确性。

漫步太空“看”地震
——“张衡一号”卫星发射升空

自古以来，地震就是危害性极强的灾害之一。据联合国统计，20 世纪以来，全世界因地震死亡的人数高达 260 多万。尽管早在东汉时期，我国科学家张衡发明的地动仪就能用来测知地震震中的大概方位，但迄今为止，地震预报仍是一个世界性难题。

2018 年 2 月 2 日 15 时 51 分，中国在酒泉卫星发射中心用“长征二号丁”运载火箭成功将电磁监测试验卫星“张衡一号”发射升空，并让其进入预定轨道。这标志着中国成为世界上少数拥有在轨运行高精度地球物理场探测卫星的国家之一。

为什么要到太空“看”地震？

目前，世界各国监测地震的主要手段仍是地面台站观测，中国也已建立了覆盖全国的数字地震台网、数字前兆台网、数字强震台网等。

然而，用地面台站观测地震具有很大的局限性。受观测环境和生活环境等诸多客观条件的限制，在国境边界、海洋、高山和原始森林等地区建设观测网点比较困难，存在许多监测空白区；现有的地面观测网点受到越来越严重的干扰。这些都会导致地震监测区域空白和观测资料不足。用地面网点观测，存在全天候性、全球性和动态性较差等问题，不利于地震预报和地震科学研究。

地球周围存在空间等离子体环境，当受到地壳运动、人类活动等影响时，其中的电磁波就会像水中的涟漪一样在等离子体环境里传播。科学家已发现，地震也会对空间等离子体环境的电磁场产生影响，这种影响甚至在地震发生前就会出现。因此，科学家希望通过研究空间等离子体变化与地震活动的关联规律，探索如何攻克“地震预报”这一千年难题。

利用卫星进行对地观测正好可以弥补地面观测网点的不足，它具有覆盖范围广、电磁环境好、动态信息强、无地域限制，以及全天候、全天时、周期短、效率高和动态性强等优点，能够从更大的尺度上提高对地震孕育发生规律的研究和认识能力。

如今，用卫星直接预报地震的方法主要有两种：一种是用气象卫星通过监测某地地表热红外辐射的异常变化来预报地震；另一种是用电磁监测卫星（也简称地震卫星）监测某地电磁场的异常变化来预报地震，这种方法已成为发展主流。

中国地震卫星的独门秘籍

大量观测事实显示，在多数大地震发生前，震中及其邻区均有大量与电磁波有关的异常现象，而这些电磁场的变化会最终反映在大气的电离层中。因此，使用卫星监测电离层变化，可以为人们准确预报地震提供参考。

我国发射的“张衡一号”卫星采用自主研发的CAST2000平台进行设计，并针对性地进行了改进。“张衡一号”卫星质量约730千克，装载了6根伸展长度4米多的伸杆，采用单太阳电池翼及三轴对地稳定姿态。

“张衡一号”卫星装载了高精度磁强计、感应式磁力仪、电场探测仪、等离子体分析仪、朗缪尔探针、全球导航卫星系统掩星接收机、三频信标机和高能粒子探测器等 8 种科学探测有效载荷，可实现在低地球轨道对空间电磁场、电离层等离子体、高能粒子的监测。它每 5 天对地球上同一地点进行重访，观测区域可覆盖地球南北纬 65° 内的区域，重点观测区域覆盖中国陆地全境和陆地周边约 1000 千米区域以及全球两个主要地震带。

常言道：“没有金刚钻，不揽瓷器活。”“张衡一号”卫星在国内首次实现了在轨精确磁场探测。卫星装载的高精度磁强计、感应式磁力仪载荷，填补了我国在近地磁场精确探测领域的空白，达到国际先进水平，使我国第一次有望获取十分宝贵的全球地磁场数据。

“打铁还需自身硬。”“张衡一号”卫星运行在近地轨道地球磁场很强大的情况下，要精确探测 6 级以上地震引起的电离层的微弱变化，积累高质量的观测数据，这对卫星本体的电磁洁净度提出了非常高的要求。该卫星采用了国内首颗控制整星磁洁净度小于 0.5 纳特斯拉的卫星平台，整星磁洁净度达到了 0.33 纳特斯拉，具备独一无二的高磁洁净度的特性，达到国际先进水平。

精密箔材：“手撕钢”出口

2018 年 8 月 9 日，一车 600 千克的不锈钢从中国山西太原运往德国。这种厚度仅为 0.02 毫米，宽度达 600 毫米的不锈钢叫“手撕钢”。

“手撕钢”，顾名思义，是一种可以轻松用手撕开的钢材。它的厚度如蝉翼一般，令人惊叹。这是一种宽幅超薄不锈钢精密箔材，其工艺水平令人咋舌。2018 年，中国太原钢铁集团（以下简称“太钢”）成功研发出了这种世界领先的钢材，这也使太钢成为全球唯一可批量生产宽幅超薄不锈钢精密箔材的企业。

太钢的探索并未止步。2020 年，他们再次突破了轧制等工艺的极限，成功生产出厚度仅为 0.015 毫米的“手撕钢”。这种钢材是目前世界上最宽最薄的不锈钢精密箔材，其轻盈与坚韧并存的特点，使得它在新能源汽车电池制造等领域中大放异彩。

宽幅超薄精密不锈钢应用广泛

在航空航天、国防、医疗器械、石油化工、精密仪器等领域，有一种超薄精密不锈带钢，以其宽幅和超薄的特性，被广泛使用。这种钢材因为其工艺控制难度大、产品质量要求高，长期以来，其核心制造技术掌握在日本、德国等发达国家手中。我国在很长时间内无法自主生产，只能高价进口，每进口 1 克都需要花费数百元。

近年来，随着航天、核电、新能源等产业的飞速发展，国内市场对这种超薄精密不锈带钢的需求不断增长。但关键技术的受制于人，使得供需矛盾日益严重。为了打破这一困境，生产出这种厚度仅为普通打印纸 1/4 的钢材，2016 年，太钢组建了一支年轻的“手撕钢”攻关团队。这支团队由 14 名平均年龄仅 30 岁的成员组成。

团队刚刚成立，就面临了巨大的挑战。要生产“手撕钢”，必须攻克轧制、退火、高等级表面控制、性能控制四大技术难题。在生产过程中，带钢通道的 260 米长距离是最容易出现问题的地方，抽带、断带的情况频繁发生。每次断带都需要花费十几个小时来恢复设备，这让团队成员产生了强烈的挫折感，有些人甚至开始动摇。

然而，团队负责人鼓励团队成员坚持下去，倡导创新和宽容失败的理念，让每一点进步都能得到及时的激励。这种激励方式极大地激发了团队全员的创新热情，坚定了他们的创新信心。

好钢用在“刀刃”上

经过两年艰苦卓绝的努力，研究团队攻克了数百个设备和工艺难题，进行了 711 次试验。他们从 4 万多种轧辊的排列组合中，找到了一种能够生产出厚度仅 0.02 毫米、宽度达 600 毫米的不锈钢精密箔材的方法。这一突破性的成果使太钢成为全球唯一能够批量生产宽幅超薄不锈钢精密箔材的企业。

2020 年，团队成功生产出厚度仅为 0.015 毫米的“手撕钢”。这种超薄不锈钢箔材可以应用于制造新能源汽车电池，为绿色能源产业贡献力量。正是这份坚韧不拔、

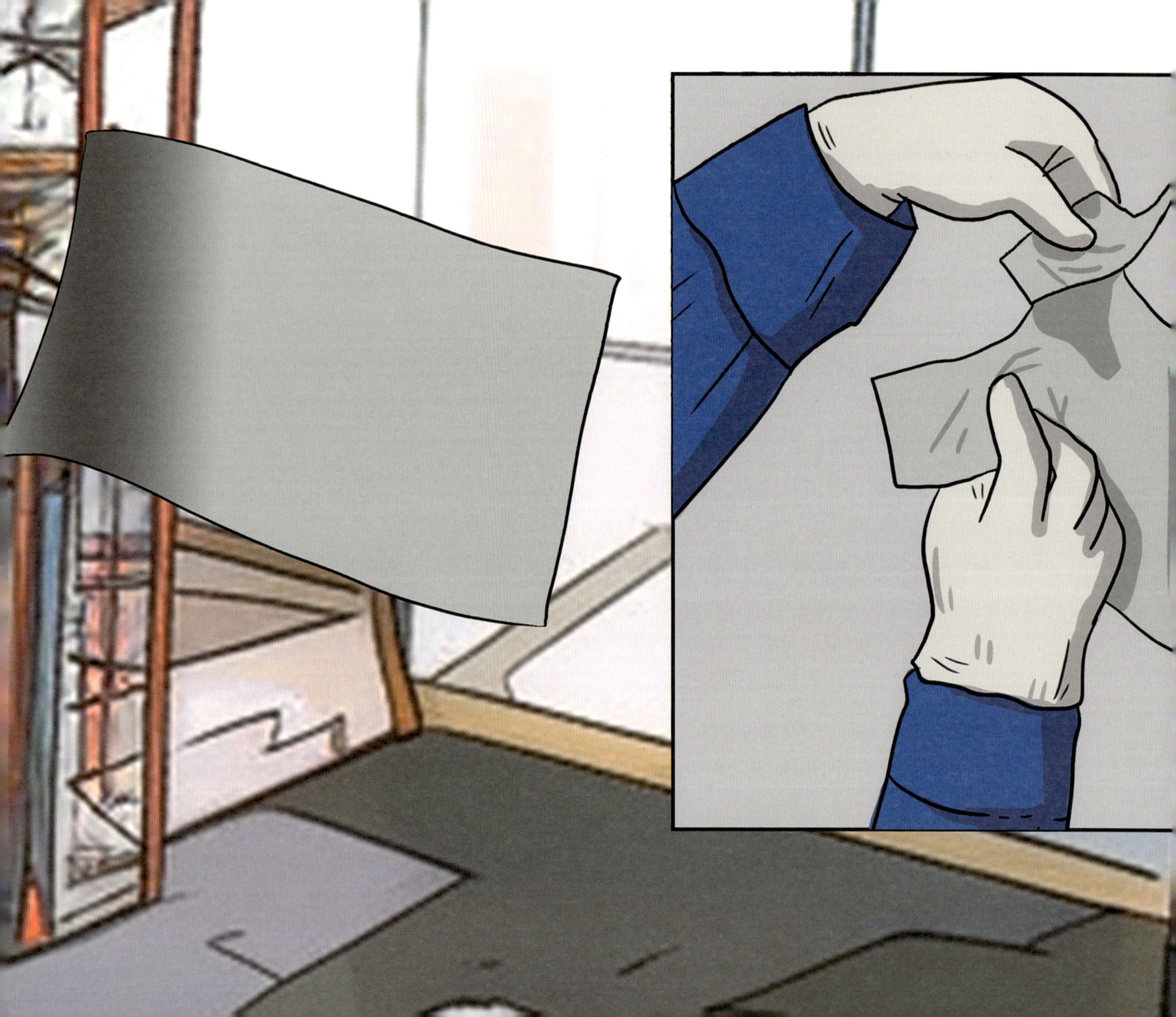

深耕细作的毅力和精神，让太钢拥有了应对变局的能力和自信，最终实现了转型升级。

国产“手撕钢”的问世，不仅占据了新技术的高地，填补了产业链的空白，而且改变了过去依赖进口的局面，让“高价买”变为“平价造”，彻底解决了“卡脖子”问题。如今，“手撕钢”已经广泛应用于柔性显示屏、柔性太阳能组件、传感器、储能电池等高科技领域。这充分显示了将好钢用在“刀刃”上，以科技创新提高供给质量，是山西太钢乃至中国整个钢铁产业实现超预期增长的重要秘诀。“手撕钢”在技术攻关和标准制定方面的卓越表现，展示了中国制造的硬实力，为全球制造业树立了新的标杆。

横跨伶仃洋：港珠澳大桥正式通车

在我国的南海之滨，有一个横跨伶仃洋的奇迹——港珠澳大桥。这座桥梁不仅是中国工程的骄傲，更是人类智慧与勇气的结晶。它如同一道绚丽的彩虹，连接着香港、珠海和澳门。2018 年 10 月 24 日，港珠澳大桥正式通车运营，不仅打破了珠江西岸的地缘限制，更为珠三角区域的发展注入了新的活力。

港珠澳大桥全长 55 千米，其中主桥长达 29.6 千米，从香港口岸至珠澳口岸更是达到 41.6 千米。桥面宽阔，可容纳双向六车道，设计时速高达 100 千米。

（蒲世婧 绘）

世界最长的跨海连线工程

2004 年，港珠澳大桥前期协调小组成立，全面启动

大桥各项前期工作。经过精心规划和准备，2005 年，港珠澳大桥确定采用 Y 形线路，将香港、珠海和澳门三地紧密地连接在一起。

2007 年，港珠澳大桥三地落点位置确定，分别为香港大屿山石散石湾、澳门明珠点和珠海拱北。各项细节敲定后，2009 年 12 月 15 日，港珠澳大桥正式开工建设。

港珠澳大桥无论是工程规模、技术难度还是投资金额都创造了新纪录。港珠澳大桥建成后，成为世界最长的跨海连线工程。

最具挑战性的海底沉管隧道

在深邃的伶仃洋海底，港珠澳大桥的海底隧道蜿蜒穿行。隧道两端连接着人工岛，与大桥紧密相接。这片海域最深处超过了 45 米，是伶仃洋的深水区。在如此深

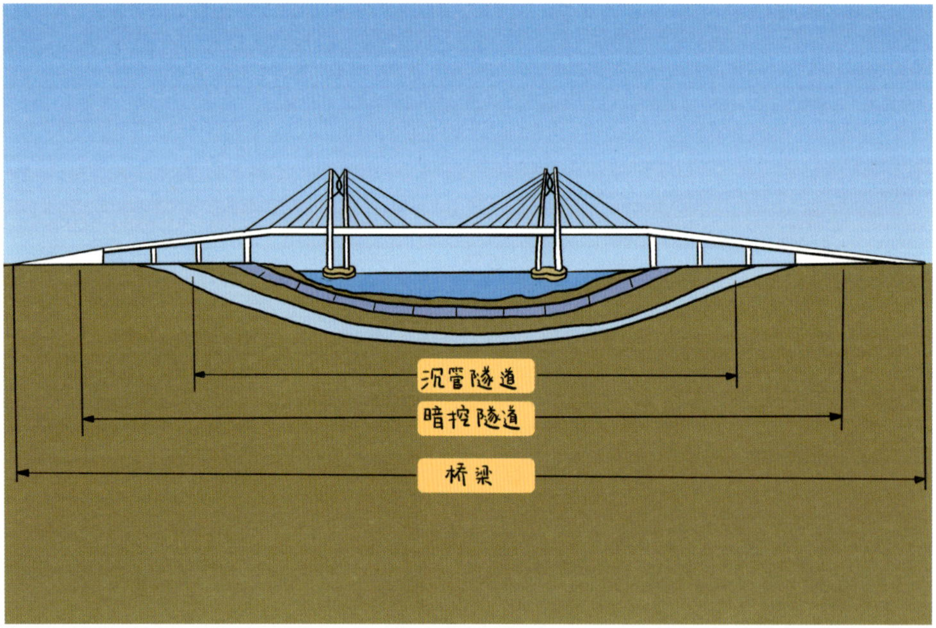

的海域建造桥梁，无疑是一项巨大的挑战。因此，选择隧道作为连接方式，是科学的决定。

在修建海底隧道的过程中，沉管法被大胆采用。这种方法通常用于浅水区和风平浪静的水域，而在伶仃洋这样环境复杂、条件苛刻的深海区使用，难度超乎想象。这片海域是国家一级保护动物中华白海豚的栖息地，环保要求极其严格。同时，这里也是一条繁忙的 30 万吨航道的必经之地，通航环境极其复杂。

沉管法的基本原理是将预制好的空心管道沉入水底的槽道中，经过精密的防水处理后回填覆盖，形成一条人工隧道。由于沉管需永久安放在水底，其密封性和防水性要求极高，一旦出现渗漏，后果不堪设想。面对如此高的技术要求和恶劣的气候条件，传统的沉管技术已无法满足施工需要，必须在原有技术的基础上进行大胆创新。

为了应对这一挑战，港珠澳海底沉管沉放采用了杠吊法。这种方法结合现代信息技术和遥控技术，可以实时监测管段的位置和状态，精确调整管节的姿态和轴线，实现管段的快速、安全、精确对接。正是这样的勇气与创新，使得我国在海洋工程领域取得了前所未有的突破。

大国重器：北斗卫星导航系统正式提供服务

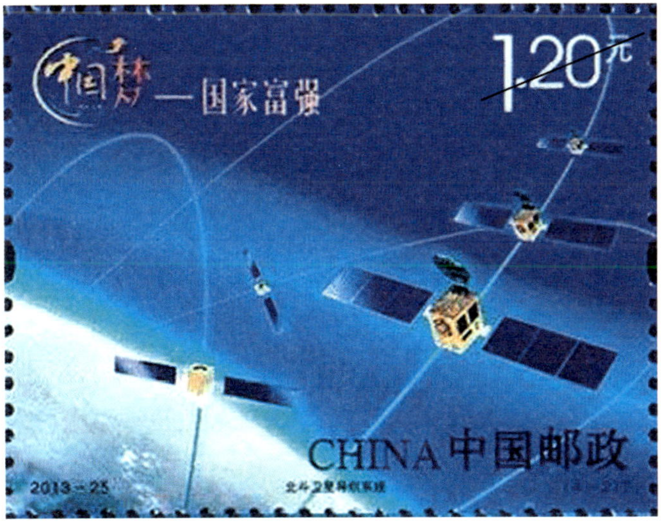

北斗卫星导航系统纪念邮票

随着科技的飞速发展，由中电天奥有限公司携手国防科学技术大学、北京理工大学、北京航空航天大学、哈尔滨工业大学、武汉大学、南京航空航天大学等众多高校和科研院所共同研发的科技成果——北斗卫星导航系统，已然成为中国向世界展示科技力量的名片。

北斗卫星导航系统，承载着国家安全与经济社会发展的重任。它为全球用户提供全天候、全天时、高精度的定位、导航和授时服务，是国家时空基础设施的重要组成部分。2018年12月27日，北斗导航系统正式向全球提供服务。

卫星导航“三步走”战略

1994 年，世界首个全球卫星导航系统 GPS 全面建成。就在同一年，我们开始了自主研发卫星导航系统的历史性征程。这一系统，我们以古代先人用于指引方向的“北斗星”命名。它象征着我们的目标——引领未来，照亮前行的道路。

当时，美国的 GPS 已经稳坐卫星定位领域的霸主之位，俄罗斯的 GLONASS 也已完成全球组网。如果我们只是亦步亦趋地跟随美俄的发展路径，那么永远只能做一个追赶者，无法实现超越。

于是，我国决定开始探索符合我国国情的卫星导航系统发展模式，逐步构建了一个宏伟的发展战略：首先，在 2000 年底，建成“北斗一号”系统，为我国提供定位服务；接着，在 2012 年底，建成“北斗二号”系统，开始为亚太地区提供服务；最后，在 2020 年，建成“北斗三号”系统，让全球都能享受到我们的服务。北斗卫星导航系统的发展历程，不仅是我国科技发展的缩影，更是我国对未来坚定不移的承诺。

我国卫星导航系统从无到有

2000 年深秋，“北斗一号”的两颗卫星挣脱了大地的束缚，向着浩瀚的宇宙飞去，“北斗一号”进入了系统联调和推广应用阶段。自此，我国的卫星导航系统迈出了历史性的一步，无数人都为之振奋。

然而，在一次研讨会上，有专家却提出了北斗的不足之处：定位数据不够实时、信号不够隐蔽、定位频度受限。这让许多急需卫星导航的飞行器望而却步，无疑给在场的科研人员带来了巨大的压力。

我国的科研团队不气馁，顶住压力，从“北斗一号”定位的实际测量元素入手，经过深入分析和研究，终于创造性地提出了一个大胆的想法——利用铷钟实现用户机的自主解算。这是一个前所未有的概念，没有先例可循，没有实验可依。

但我国科研人员并没有被困难打倒。他们迎难而上，经过无数次的尝试和努力，终于成功研发出了一部连续导航用户机。这部机器能够接收卫星信号，自主解算位置，让卫星导航成为可能。

各个领域广泛运用

北斗系统，为全球导航领域注入新活力，其特性引人注目。首先，北斗系统的空间段采用混合星座，高轨卫星多，这使其在低纬度地区的性能尤为卓越，能抵抗遮挡，提供稳定的服务。其次，北斗不仅提供导航服务，还融合了通信能力，实现定位、导航、授时、星基增强、地基增强、精密单点定位以及短报文通信等多种功能，为用户提供全方位的服务。

北斗系统的建设，走出了一条中国特色的发展道路，即先在区域内快速形成服务能力，再逐步扩展至全球。这种发展模式，无疑为世界卫星导航事业提供了新的思路。

如今，基于北斗系统的导航服务正逐渐渗透到人们的日常生活中。它被广泛应用于交通运输、农林渔业、水文监测、气象测报、通信授时、电子商务、移动智能终端制造、位置服务等众多领域，已深深地融入共享经济和民生领域；相关新的业态、新的模式不断涌现，正逐步改变着人们的生产生活方式。

探月之旅——“嫦娥四号”着陆月球背面

2019 年一个寒冬的早晨，中国的“嫦娥四号”探测器悄然降落在月球背面的冯 · 卡门撞击坑中。人类航天器首次在月球背面实现软着陆和巡视勘察，这一刻，地球与月球背面的测控通信成为现实，同时开启了超地月距离的激光测距技术的新篇章。“嫦娥四号”以其卓越的表现，打破了月背工作时间的纪录，为人类带来了无比丰富的月球科研数据，更为未来的探月之旅铺平了道路。

“嫦娥四号”纪念邮票

一波三折的创新历程

在浩瀚的宇宙中，月球总能引发人类的无限遐想。由于其独特的自转和公转周期，以及与地球之间潮汐锁

“嫦娥四号”发射升空

定的特性，月球的一面始终朝向地球，而另一面则始终背对地球。这使得月球的背面成为一个神秘而又吸引人的地方，一直令人类魂牵梦萦。

2019 年，国际上两个探月任务相继失败，以色列的“创世纪号”在绕月后不幸坠毁，而印度的“月船二号”着陆器也在距离月表 2.1 千米处失去了联系。

对于“嫦娥四号”来说，它的落月过程充满了挑战。由于在地球上无法直接观察到这一过程，地面人员只能依靠探测器自主操控；落月时的画面回传还会有延迟，使得整个过程几乎处于“盲降”的状态。尽管计划着陆区位于相对平坦的冯 · 卡门撞击坑内部，但这个撞击坑位于月球背面艾特肯盆地内部，地形起

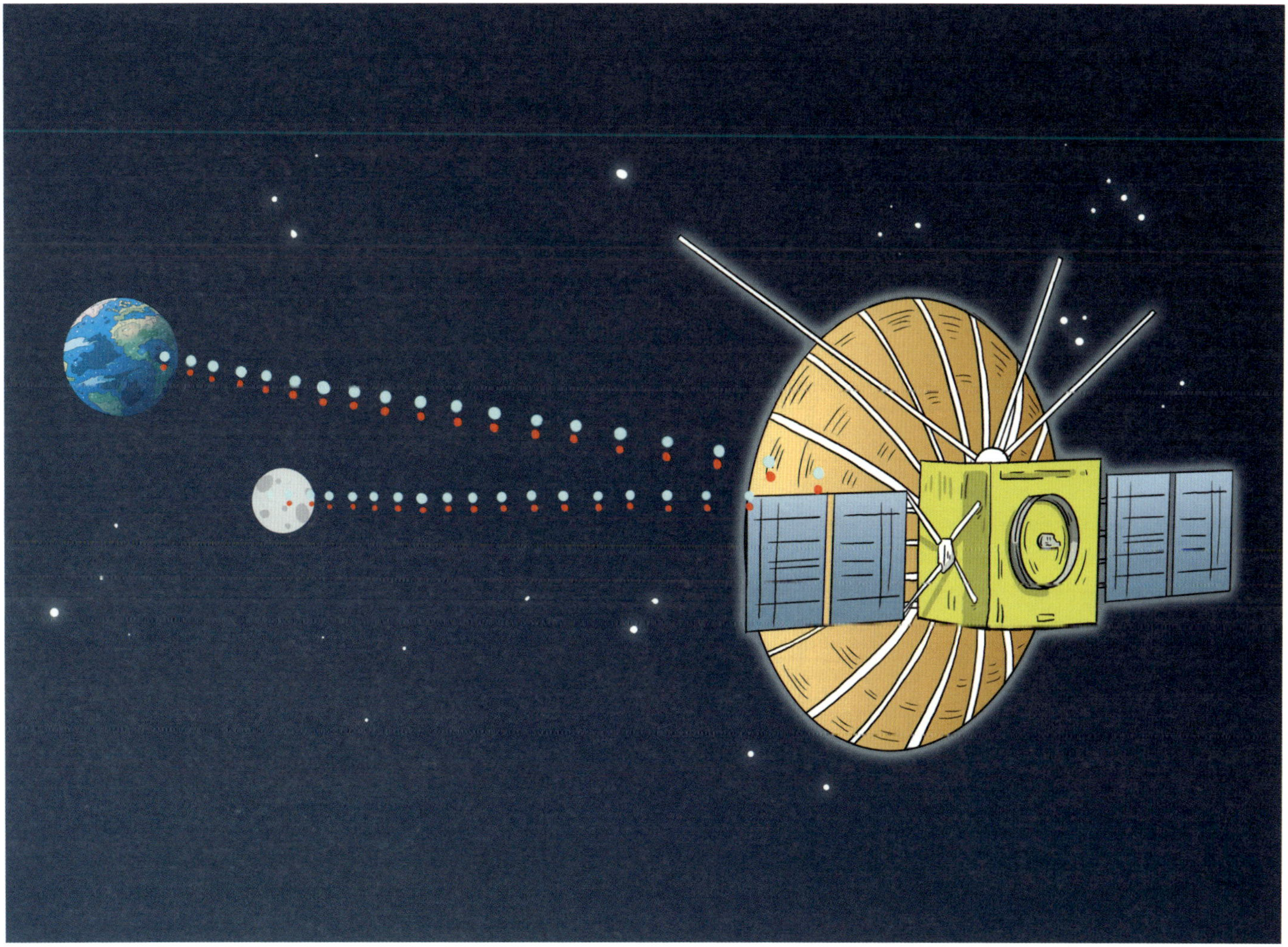

“鹊桥”连接地月

伏高达 6 千米。这使得“嫦娥四号”的着陆范围变得很小，必须非常准确地降落，否则可能会撞上崎岖的高山低谷。

为了减少着陆位置的不确定性，研发人员在“嫦娥四号”的设计中增加了环月阶段修正轨道的功能，并在动力下降控制策略上进行了一定的调整。在试验过程中，他们做了数千种可能情况分析，穷尽了各种极端情况，对可能出现的情况又增加实验难度，以确保“嫦娥四号”能安全着陆。

“鹊桥”中继星

在神秘的月球背面，探测器“嫦娥四号”完成了人类历史上第一次精准着陆。然而，这背后却隐藏着一个鲜为人知的“秘密”：中继星“鹊桥”的提前发射，才使得地面的指令能够准确无误地传输给“嫦娥四号”，为其在月球背面的探测工作搭建了不可或缺的通信通道。

尽管“鹊桥”不是主角，但它却承载着发射后的重要使命。它像一位忠诚的信使，时刻保持警惕，为远在 8 万千米外的“嫦娥四号”和 40 多万千米外的地球之间传递着信息。它的存在，使得人类对月球背面的探索成为可能。

“鹊桥”的个头虽小，仅有 400 多千克，但其作用却举足轻重。为了确保远距离通信的稳定性，研发团队克服重重困难，经过无数次试验，最终选择了伞状天线的新方案。这种天线在发射时可以收拢至最小，入轨后再展开。其加工装配过程极为复杂，需要手工调整每一个控制点以达到精度要求。这体现了我国航天人精益求精的精神。

2004 年 1 月，中国探月工程启动；2007 年 10 月，“嫦娥一号”发射升空，顺利进入月球轨道；2010 年 10 月，“嫦娥二号”发射升空；2013 年 12 月，“嫦娥三号”发射升空，成功软着陆于月球虹湾区；2018 年 12 月 8 日，“嫦娥四号”发射升空，2019 年 1 月 3 日，成功着陆月球背面。作为中国智慧的结晶，“嫦娥”系列探测器为全球的探月旅程提供了独特的中国方案。它犹如一位历史的见证者，将中国在探月史上浓墨重彩的一笔刻印在全人类的记忆中。

造岛神器：“天鲲号”首航

“天鲲号”——中国疏浚的骄傲，是亚洲目前最大、最先进，且智能化水平超群的重型自航绞吸船。它的体态雄伟，全长 140 米，宽 27.8 米，犹如一头巨兽，等待着破海而出的那一刻。它的总装机功率高达 25843 千瓦，每小时挖泥量达令人咋舌的 6000 立方米。更令人惊叹的是，它在 1 小时内可以将 1 个标准足球场挖深 1 米。“天鲲号”的绞刀功率高达 6600 千瓦，可以毫不费力地开挖单侧抗压强度 50 兆帕内的岩石。而它的泥泵输送功率更是达到惊人的 1.7 万千瓦，远程输送能力达 1.5 万米。这样的数据足以让世界为之惊叹。

这不仅是一艘船，更是我国高新技术与重型装备制造完美融合的象征。它的成功研制，无疑标志着我国疏浚装备制造业已经站在了世界的巅峰，为实现科技强国、制造强国、海洋强国的中国梦注入了强大的动力。

长期受制于西方

有一种特殊的船舶——挖泥船，被赋予了挖掘海底泥沙的神圣使命。它们凭借着强大的挖掘能力，既可以将海底的泥沙挖掘出来，用于填海造陆，也可以在其他行业中发挥重要作用。

挖泥船根据其工作原理和设计特点分为不同的类型。其中，耙吸式挖泥船在西方国家得到了广泛应用。这种设计的挖泥船，特别适合在海底泥沙地质较为细腻的区域工作，高效且精准。

然而，在中国附近的海域，海床地质条件极为复杂，礁石与泥沙混杂，这就使得绞吸式挖泥船成为最佳选择。这种挖泥船的神奇之处在于，它能够将海底礁石打碎成小颗粒或石子后吸到船上过滤，使泥沙的提取更加纯净。长期以来，西方国家对中国实行了绞吸式挖泥船的进口封锁。这使得中国在很长一段时间内，都受制于西方国家的技术垄断。为了打破这一困境，中国下定决心自主研发国产的先进绞吸式挖泥船。

疏浚装备国产化之路

为了满足港口航道建设的需要，我国投入了巨资引进近百艘各种类型的工程船舶。1985 年前，中交天津航道局购置了 56 艘各类船舶。然而，中国在疏浚船舶方面的技术尚处于起步阶段，主要以改造和引进国外设备为主。遗憾的是，国外厂商对中国进行了技术封锁，严格保密所有参数，导致购买回来的船舶在施工过程中出现问题后，更换零件时需要联系商家，售后服务缓慢，既耽误了工期又增加了额外的费用。

面对国外厂商的傲慢态度和技术封锁，我国老一辈科研人员决心走上疏浚装备国产化的道路。他们希望通过自己的努力，提高船舶的生产率和寿命，摆脱对国外技术的依赖。

2015 年 12 月 11 日，“天鲲号”正式开工建造。这一大国重器的建造难度可想而知。在此之前，我国没有任何此类船舶的设计建造经验，而且还不具备建造重型自航绞吸船的模拟实验环境。因此，“天鲲号”的整

体设计、建造过程异常艰难，每一步都必须小心翼翼、稳扎稳打。

经过 3 年多的艰苦努力，“天鲲号”建造团队按照世界一流的标准，对每道工序、每个部件都严格把关、追求卓越。他们成功攻克了一系列世界性的技术难题，终于让“天鲲号”从图纸变成了现实。这不仅是中国疏浚装备制造业的一次重大突破，更向世界证明了中国在高端制造领域的实力和创新能力。

“亚洲巨无霸”出征

在创新的历程中，我国科研人员铸就了世界领先的油缸式柔性重型钢桩台车系统。借鉴功勋船舶“天鲸号”在遥远岛礁的工程建设经验，他们在“天鲲号”上巧妙地整合了钢桩台车与三缆定位双定位系统。此外，科研人员还自主研发并应用了全球瞩目的自动化智能挖泥控制系统，以此翻开了我国疏浚装备向智能化转型的新篇章。

年复一年，日复一日，经过无数次的试验与改进，我国终于成功打造出了国产的“天鲲号”。2019 年 1 月 9 日，经过近 3 个月的挖泥、挖岩试验后，“天鲲号”满载而归。这标志着它已成功完成所有测试，具备了投产的能力。

2019 年 3 月 12 日，“天鲲号”正式投产首航。“天鲲号”的出现为中国海洋工程的发展画上了浓墨重彩的一笔，其挖掘能力和建造速度在世界范围内都堪称翘楚。

驰骋四海：山东舰交付入列

2019 年 12 月 17 日下午 4 时许，我国第一艘完全自主设计、自主建造、自主配套的航空母舰在海南三亚某军港举行交付海军入列仪式。经中央军委批准，我国第一艘国产航母命名为“中国人民解放军海军山东舰”，舷号为“17”。

山东舰由大连船舶重工集团有限公司建造，参研、参建、参试单位多达 532 家。山东舰突破了船体结构、动力核心设备这两项制约我国航母事业发展的重大技术瓶颈，以及发电机组、综合电力系统、节能减排装置等船舶动力产品设计建造关键技术。这意味着中国正式掌握了现代航母建造技术，迎来国产航母时代。

航母是海军空军作战能力的延伸平台

国防力量的建设是保障国家安全的基础，航母是海军、空军作战能力的延伸平台。没有航母，一个国家在海战中将处于防守和被动状态。

基于建设现代化海军的需要，我国在建造辽宁舰之后，于 2013 年启动了山东舰的建造计划。

山东舰作为一艘全新研制的航母，需要采用大量新

“辽宁号”航空母舰纪念邮票

设计、新材料，工程量巨大，建造总量超过 20 艘超大型油轮工程量的总和。3000 多个舱室，上万个零部件，上万台设备遍布全船，许多特种装置属首次研制和安装。因此，山东舰的研制周期更为紧张，任务也更加艰巨。

独立自主设计航母船体结构

山东舰有 20 多层楼高，长 300 多米，整体面积能达到 3 个足球场那么大，船上一共有 3000 多个船舱。

舰载机起飞

山东舰是从无到有，完全自主设计、自主建造的，所以首先要攻克的就是船体建造这一关。

山东舰的船体特点是缩短舰岛，且增加了一层舰桥，由此扩展了甲板面积，不仅使舰载机甲板调度更从容，效率更高，提高了起降、出动效率，有助于提升战斗力，而且使相空阵雷达位置更高，增加了远程海空探测距离。舰桥面积的扩大，有利于指挥人员和航海人员的室内作业，保证了舰载战斗机安全起降。整个甲板可搭载歼 -15 战斗机及其他型号舰载机逾 36 架。此外，山东舰还有一个外观特征——标志性的滑跃甲板的弧线，其倾角为 14 度，这是设计人员经过无数次计算得出的最佳方案。

协同攻关，实现中国航母中国造

设计人员回忆国产航母研制情形时说：“国产航母从设计思想、设计理念，包括计算、试验、系统的构成，整个图纸的设绘，文件资料等，所有这些全是我们设计师团队一起奋斗，一起拼搏，攻克一些技术难关所形成的。”

国产航母动力系统在中船重工 701 研究所工程师们的努力下实现完全自主设计。它是国内舰船最大的动力系统。为了建造国产航母，工作人员专门建设了国产航母动力陆上模拟系统，并用 5 年时间收集了上亿组宝贵的试验数据。

供电系统是舰船的“心脏”。山东舰供电系统规模之大、程度之复杂，在国内舰船建造史上是空前的。中国船舶 704 研究所团队攻克一项项技术难关，由他们研制的供电系统使山东舰完成了多项试航任务，保证了国产航母的健康运行。

此外，山东舰航母阻拦索为我国独立自主研制的，飞行甲板的防滑涂料、航母钢的冶炼和制造也是我国工程技术人员完成的。

在山东舰的研制过程中，我国形成了完整的航母建造、试验和工艺体系，积极探索并建立了航母现代化造船模式，培养了一大批从事航母研制、建造、试验及管理的专业人才队伍。

走向世界：中国的杂交水稻亩产创新高

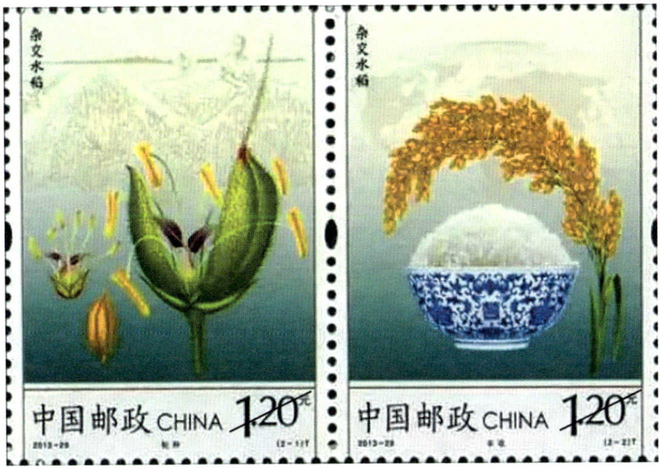

杂交水稻纪念邮票

食物，承载着中国人的味觉记忆和人文情感。如今，中国人的餐桌日益丰盛，人们已经很难想象曾经食不果腹的境况。

人们会津津乐道各种“家底”、各种“大国重器”。但是，你是否想过，如果没有了粮食这种特殊的“重器”，其他一切重器都会“器将不器”？

1964 年，袁隆平在湖南发现了一株“天然雄性不育株”。经人工授粉，它结出了数百粒第一代雄性不育株种子，开启了杂交水稻的大门。2004 年以来，我国粮食生产年年丰收，我国的粮食生产能力已今非昔比。

不断刷新的亩产记录

中国是人口大国，粮食安全关系国计民生。为解决吃饭问题，中国杂交水稻育种专家袁隆平领衔的科研团队通过形态改良和杂种优势利用相结合的技术，成功攻破水稻超高产育种难题，并不断刷新亩产量，从亩产700千克、800千克、900千克到1000千克、1100千克。中国杂交水稻育种技术不断创新突破，种植面积日益扩大。这让中国人端稳了饭碗，也为解决全球粮食短缺问题做出了重要贡献。

中国杂交水稻科研之路

早在20世纪60年代，中国科学家就开始了杂交水稻的研究工作。1966年，《科学通报》刊登了袁隆平撰写的一篇文章《水稻的雄性不孕性》。这篇文章引起了国家科委有关人员的重视。在政府指导下，由袁隆平、尹华奇和李必湖三人组成的“水稻雄性不育科研小组”成立，开始主攻水稻雄性不育的研究工作。

1970年10月，袁隆平团队在海南岛一个农场里，发现了一株雄性不育的野生稻。他们仔细检查了这株野生稻，认为这株野生稻除雄花没有生育能力外，其他一切都正常，并给这株野生稻起名为“野败”。这株“野败”就是现在绝大多数“三系法”杂交水稻中不育系的“老祖宗”。

1973 年，我国籼型杂交水稻三系——不育系、保持系、恢复系在袁隆平团队的努力下配套成功，首次在世界上实现了水稻杂种优势利用。而后杂交水稻在我国迅速大面积推广种植。从 1975 年试种面积达 5600 多亩，至今杂交水稻年种植面积超过 2.4 亿亩，我国水稻总产量居世界第一。2020 年 11 月 2 日，中国双季杂交水稻亩产超过 1500 千克。另外，他的团队还发展了耐盐碱水稻，让万亩荒滩变粮仓。

走向世界

杂交水稻在保障中国 14 亿人粮食安全的同时，也缓解了一些发展中国家和地区的粮食供给短缺状况，为增进各国民生福祉做出新贡献，演绎“一粒种子改变世界”的传奇。

1980 年，中国杂交水稻开始走出国门。在联合国粮农组织框架下的“南南合作”项目中，中国向非洲、亚洲、等地区的 28 个国家和地区派遣农业专家和技术员，推广杂交水稻种植技术。

目前，杂交水稻已在非洲、亚洲等 40 多个国家和地区试点种植。中国杂交水稻在各国和地区推广种植后，增产效益十分显著。

杂交水稻技术的成功，袁隆平团队居首功，他也因此被誉为“杂交水稻之父”。

量子科技："祖冲之号"问世

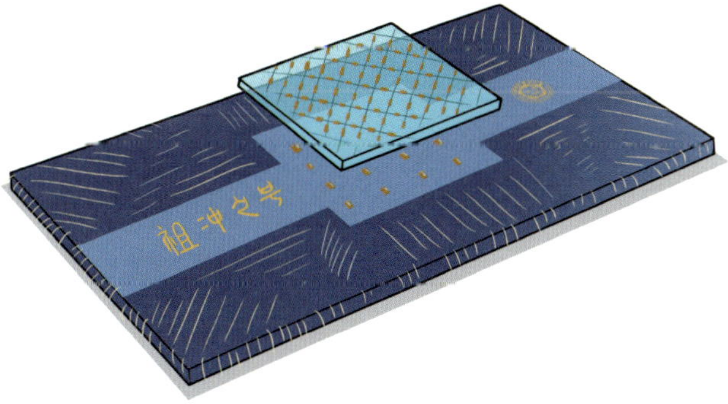

"祖冲之号"器件示意图

2021年5月7日，《科学》杂志发表中国科学技术大学潘建伟团队的研究成果。他们成功研制出了"祖冲之号"——这台超导量子比特数量傲视全球的量子计算原型机，操纵的超导量子比特高达62个，实现了二维量子行走的可编程化。

中国的量子科技研究终于站在了世界的前沿，成为全球量子技术革命的重要推动者。

什么是量子计算机？

不同于我们日常所使用的传统计算机，量子计算机利用量子相干叠加原理，理论上具有超快的并行计算和模拟能力，为我们打开了一个全新的世界。

量子计算机和传统计算机有着根本的区别。传统计算机通过电路的开和关来进行计算，我们所看到屏幕上的图像、所输入的汉字，在硬件电路中都会被转换成 1 和 0，再进行传输、运算、存储。然而，量子计算机的计算形式却截然不同，它以量子的状态作为计算形式，目前使用的基本粒子包括原子、光子等。

2020 年底，我国研究团队成功研制出了量子计算原型机“九章”，它使用的就是光子。这一重大突破标志着我国在量子计算领域取得了领先世界的成果。那么，“九章”的算力究竟有多强大呢？如果传统计算机的速度如同缓慢的自行车，那么量子计算机的速度就如同疾飞翱翔的飞机。

然而，量子计算机并不仅仅速度快。它的出现，可能会颠覆我们对计算的理解和利用方式。在药物研发、天气预报、人工智能等领域，量子计算机都将发挥出无法估量的巨大潜力。这正是量子计算机给我们带来的无穷想象和无限可能。

“世纪幽灵”有多神奇？

在深邃的微观世界中，有一种力量，它如幽灵般难以捉摸，却真实存在。它就是量子，那个构建我们物质世界的基本单元。曾几何时，量子是那么深奥和陌生，如今，它已经成为全球最前沿科技的代表，悄然改变着我们的生活。

当我们深入探索这个微观世界，不禁要问：量子究竟是什么？在宏观世界里，我们看到的是一整片明亮的光，然而在微观世界中，这片光被分解成了无数光子，它们以粒子状态存在，每一个都是一个量子。可以说，我们每一次举手、投足，甚至每一次呼吸，都有上万亿的量子在移动。它们无形无迹，却又无处不在，因此被人们称为“世纪幽灵”。

量子具有波粒二象性、量子隧穿、量子纠缠、量子叠加等神奇的特性。科学家们利用“量子叠加”原理，开发出了超导量子计算机。

未来的量子计算机，这个充满神秘色彩的新兴科技，能够在数秒内完成看似不可能的任务。而这个突破性的成就，将为网络安全领域带来革命性的变化。

中国跻身量子科技领域第一梯队

2021 年 5 月，潘建伟研究团队创造了一项历史性的成就。他们以自主研制的二维结构超导量子比特芯片为基础，成功构建了全球超导量子比特数目最多的可编程超导量子计算原型机——“祖冲之号”。这个壮举展现了我国在量子科技领域的卓越实力。

“祖冲之号”拥有 62 个可操纵的超导量子比特，比谷歌的“悬铃木”型量子计算机的 53 个量子比特还要多。这一成果不仅彰显了“祖冲之号”在量子比特数上的优势，更表明了我国在超导量子系统技术上已走在世界前列。

该原型机的一项重要成就是成功进行了二维可编程量子行走的演示。这一突破性的实验为量子计算在解决具有重大实用价值的问题上铺平了道路。无论在大数据优化、天气预报、材料设计、密码破译等领域，还是在药物分析等领域，量子计算都有着巨大的应用潜力。

“祖冲之号”的成功研制，不仅为我国量子计算领域的发展注入了强大动力，更展示了量子科技的无限可能性和未来前景。

火星探测器“天问一号”成功着陆

中国首次火星探测器“天问一号”发射成功纪念邮票

2020 年 7 月 23 日，我国文昌航天发射场见证了一个历史性的时刻：“天问一号”探测器搭乘“长征五号遥四”运载火箭，如巨龙般腾飞，冲破蓝天，顺利进入预定轨道。历经漫长而艰辛的旅程，它终于在 2021 年 5 月 15 日成功降落在火星乌托邦平原南部。火星车“祝融号”驶离着陆平台，开始在火星表面展开科学探索。“天问一号”是中国自主发射的首枚火星探测器，主要负责执行第一次自主火星探测任务，对火星的表面形貌、土壤特性、物质成分、大气、磁场等进行科学探测。

“天问一号”的成功着陆，不仅标志着我国突破了第二宇宙速度发射、行星际飞行及测控通信、地外行星软着陆等多项关键技术，更是我国星际探测领域的又一个里程碑。

步入“行星探测时代”

在人类探索宇宙的历程中，火星始终是一个充满挑战的目标。早在 1960 年，苏联就勇敢地迈出了人类探索火星的第一步，发射了“火星 1A”探测器，但却以失败告终。在随后的日子里，同样怀揣着对火星的无尽好奇，欧洲航天局也加入了这场星际角逐，他们进行了 20 次的火星探测任务，其中仅有 4 次取得了成功。因为火星探测的难度极大，成功率奇低，所以科学家们称其为“火星诅咒”。

21 世纪，中国的航天科技逐渐崭露头角。2011 年 11 月 9 日，中国研制的首个火星探测器“萤火一号”也未能如愿进入预定轨道。然而，挫折并未击垮中国航天人的决心。在不断的探索与实践中，中国的“天问一号”探测器以惊人的姿态崛起。它成功完成了美国耗时 30 多年的技术步骤：飞掠火星上空、伴随火星轨道环绕运转、发射火星车在火星表面巡视行走。这一创举不仅展示了中国航天人的高超技艺与大胆创新，更标志着中国正式步入了全新的“行星探测时代”。

捕获与停泊

“天问一号”探测器要着陆成功，首先要被火星那神秘而强大的引力场捕获。这是一场技术风险极高、难度极大的挑战，因为捕获的机会只有一次，它的成功与否直接关系到整个火星探测工程的命运。

这个过程需要探测器像舞者一样精准地翩翩起舞，每一个动作要踩在音乐的节奏上，在合适的时机点燃它的推进器，才能绘制出一条完美的轨迹，融入火星的怀抱。一旦“天问一号”被火星引力场捕获，它将置身于距离火星最近仅 400 千米的轨道上。这就像是走钢丝，一不小心就可能坠落或飞向远方。此时，地面测控系统像一位睿智的指挥家，操控着深空测控网和基线干涉测量网这两大精密的乐队。它们倾听着探测器持续发出的高稳定无线电信号，就像是在聆听一首无声的交响乐。通过连续的计算，它们精确地描绘出探测器的轨道，确保它在预定的时间、预定的高度，顺利地走进捕获走廊，实施变轨动作。

“天问一号”飞行里程突破4亿千米

经过无数次的细微调整，探测器将最终稳定地运行在停泊轨道上。其间，它就像一个探险家，每隔两个火星日就会利用中分辨率相机、高分辨率相机、光谱仪等精密的载荷设备，对预定的着陆区进行详细的勘察。它探索着这片未知土地的地形、地质、地貌，以及可能存在的沙尘暴等恶劣环境条件，为着陆巡视器的安全着陆做好万全的准备。

着陆之旅

“天问一号”的火星着陆之旅，需要经历 3 个步骤：进入、减速和软着陆。2021 年 5 月 15 日北京时间凌晨 1 时许，探测器在停泊轨道实施了降轨操作。随后，着陆巡视器与环绕器分离，经过约 3 小时的飞行，进入了火星大气层。在进入大气层的过程中，它首先借助火星大气进行气动减速，克服了高温、姿态偏差等问题。当速度减至 90% 左右时，着陆巡视器打开降落伞进行伞系减速，降至约每秒 100 米的速度时再通过反推发动机减速，最终进入动力减速阶段。在距离火星表面 100 米的高度，着陆巡视器进入了悬停阶段，精准避障和缓速下降后，在气囊的保护下稳稳降落在火星表面。

这个过程完全依赖“天问一号”自主完成。因为没有地面控制可以实时介入，所以着陆过程是整个任务中风险最高的一步。最终，“天问一号”凭借其卓越的性能和出色的自主导航能力，成功完成了这一挑战。着陆巡视器成功降落在火星表面，标志着我国在火星探测领域迈出了重要的一步。

水电“巨无霸”
白鹤滩水电站首批机组发电

在全球水电建设领域，有一个引人注目的项目，那就是我国金沙江白鹤滩水电站。这座水电站不仅是目前全球最大的水电工程，更拥有世界首批 100 万千瓦水轮发电机组，单机容量稳居全球第一。

白鹤滩水电站位于四川省凉山彝族自治州宁南县和云南省昭通市巧家县的交界处。2013 年，电站主体工程正式启动；2020 年 12 月 19 日，泄洪工程也顺利完成。历经 8 年的艰苦建设，电站终于在 2021 年 6 月 28 日迎来了首批机组的发电。

这座水电站的建成离不开我国发电设备企业的努力和突破。重达 350 吨的巨型水轮机组，作为世界水电的“巨无霸”，不仅可以为周边地区提供稳定的电力供应，

白鹤滩水电站纪念邮票

同时也为我国乃至全球的水电建设行业树立新的标杆。

世界水电行业的“珠穆朗玛峰”

20 世纪 60 年代初期，白鹤滩特大型水电站构想被首次提出。2002 年，国家重新启动了这个项目，并且设定了宏伟的目标。这个水电站的设计方案引人注目：大坝高达 820 米，装机容量达到惊人的 1200 万千瓦。

2013 年 8 月 27 日，白鹤滩水电站主体工程的招标工作正式启动，包括左右两岸的引水发电系统工程、泄洪洞工程等关键部分。不久之后，主体工程建设如火如荼地展开。在短短几年间，电站完成了泄洪工程，并于 2021 年成功实现了首批机组的发电。

值得一提的是，白鹤滩水电站的所有水电机组都是国产的百万千瓦级设备，这不仅在国内是首次，在世界水电行业中也堪称创举。这些超巨型混流式水轮发电机组的单台机组高度达到 50 多米，质量超过 8000 吨。

白鹤滩水电站每年可产生大量的清洁电能，单台机组运转 1 小时可产生约 100 万千瓦时电能。自首批机组投产发电以来，白鹤滩水电站的累计发电量已经突破 256 亿千瓦时。而且，这个数字仍在不断增长中。

这座伟大的工程为我国带来了巨大的经济效益和环境效益。每年，它能够节约标煤约 1968 万吨，减少二氧化碳排放 5160 万吨。这相当于少建了近 6 座年产 400 万吨的大型煤矿。有了白鹤滩水电站，我们不仅能够满足国内日益增长的电力需求，同时也为全球的环保事业做出了巨大的贡献。

拥有世界首批百万千瓦水轮发电机组

在短短数年内，白鹤滩水电站成功研制并安装了世界首批百万千瓦水轮发电机组，这一创新之举令人瞩目。通过采用大容量水轮发电机组，电站减少了装机台数，简化了电站枢纽布置，从而节省了工程投资，缩短了建设周期，降低了运行成本。

2019 年 1 月 12 日，白鹤滩电站的全球首个百万千瓦级水轮机组转轮在东方电机白鹤滩转轮加工厂完工。这个重达 350 吨的“巨无霸”转轮的诞生，展现了中国发电设备企业卓越的技术实力。

2020 年 6 月 21 日，白鹤滩水电站左岸机电安装调

组装发电机组

试工程又取得了一项重要突破：电站 1 号水轮发电机组转轮顺利吊装就位，标志着全球首台百万千瓦水轮发电机组总装的开始。同年 9 月 9 日，右岸电站首台百万千瓦水轮发电机组转子成功吊入机坑，白鹤滩电站工程建设进入全面总装阶段。

2021 年 4 月 30 日，白鹤滩首台百万千瓦水轮发电机组蜗壳安装完工，5 月 4 日蜗壳混凝土开始浇筑，标志着机组制造、安装向按期发电的目标迈出了坚实步伐。不久后，右岸电站 12 号百万千瓦机组转轮吊装就位，部分机组完成了并网前的站内试验，具备了并网条件。白鹤滩右岸电站首批机组投产发电指日可待。

作为中国水电的“国家名片”，白鹤滩水电站以其世界首批百万千瓦级水轮发电机组的成功安装和投入使用，再次彰显了中国在水电领域的领先地位和卓越技术实力。白鹤滩水电站的建设和开发，攻克了无数世界级的技术难题，将世界水电工程技术推向了一个全新的高度。通过实现“西电东送”，白鹤滩水电站有力地促进了西部资源和东部、中部经济的优势互补，为西部地区的经济发展注入了强大的动力。

“中国制”的抗抑郁原创药“若欣林”上市

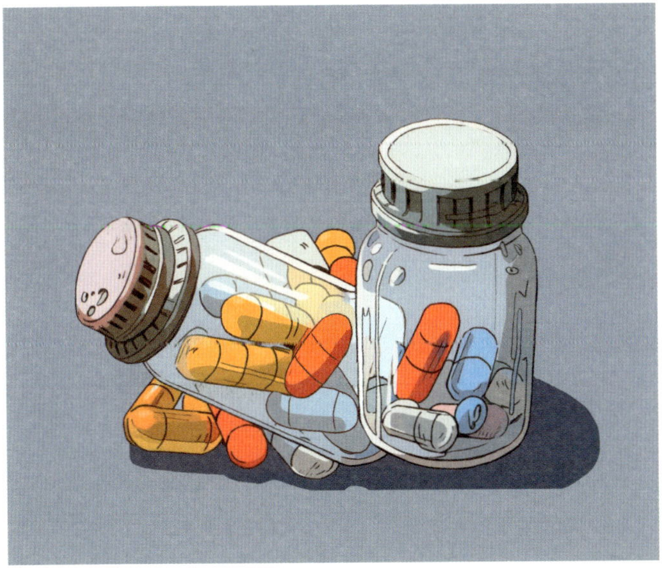

有这么一粒药片，它看似普通，却有着非凡的意义——这就是我国拥有完全自主知识产权的创新药物，肩负着治疗抑郁症重任的“若欣林”。2022年11月3日，它终于破茧成蝶，获得上市许可，成为抑郁症患者们的新希望，同时也是我国精神类药物研发历程中重要的里程碑。

“若欣林”的诞生背后蕴藏着一段漫长的旅程。科研人员经过12年的坚持与努力，从基础的科学研究，到深入的应用探索，再到严谨的临床试验，每一步都充满了挑战与艰难。它不仅代表了我国在抗抑郁药物研发领域的突破，更是对人类精神健康事业的一份承诺和责任。

踏入抗抑郁原创药物研发征程

抑郁症，已经成为一种广为人知但往往被忽视的精神疾病。在无数的病例中，抑郁症如同一片无形的阴霾，无声无息地侵蚀着我们的社会。据统计，我国抑郁症患者中，只有少部分人会选择寻求专业医疗帮助。

很多人往往对抑郁症一知半解，甚至存在许多误解。他们认为抑郁症只是情绪低落，或是无病呻吟。其实，抑郁症是一种复杂的疾病，它涉及生理、心理、社会等多个层面。它不仅仅是一种情绪问题，更是一种需要专业医疗干预的疾病。

历经半个多世纪的探索，抗抑郁药物层出不穷，但大多如隔靴搔痒，未能触及病根。烟台大学药学院的田京伟教授，作为新药研发的主持人，指出常见的抗抑郁药物存在五大弊端：起效缓慢，无法激发患者兴趣，无法改善认知功能，甚至可能加重性功能障碍，引发镇静和嗜睡等副作用。

更让我国科研工作者感到无奈的是，长期以来，国内市场上的抗抑郁药物几乎全由跨国药企研发，本土药企参与研发的较少。创新药物的研发，就像是在未知的山林中探寻宝藏，而原创药物的研发更是这场冒险中的“珠穆朗玛峰”。面对这一现实，我国科研团队深感使命重大，他们如同探险家一般，义无反顾地踏入了我国抗抑郁原创药物研发的“无人区”。

发挥科研机制优势

在新药研发的过程中，有一个环节被学术界喻为“死亡之谷”，那就是从实验室走向临床试验的阶段。这不仅因为它在技术上的高难度，更在于其低成功率——研发过程充满了挑战和不确定性。

“若欣林”之所以成功，校企联手的模式是重要因素之一。这种合作模式不仅深度体现了我国科研机制的“先天优势”，更展现了校企双方对于科学探索的坚定信念和不懈追求。

绿叶制药，这家以创新药物研制为使命的国家级高新技术企业，早在 2000 年便与烟台大学携手，共同成立了药学院。他们的主攻方向之一就是精神神经系统创新药的研究。

我们可以将“若欣林”的研发过程形象地划分为两

个阶段：基础研究和开发研究。基础研究的重心在于靶点发现和临床前概念验证，烟台大学在这一阶段发挥了不可或缺的作用。科研团队通过精密的实验和深入的分析，成功找到了潜在的治疗靶点，为后续的研究奠定了坚实的基础。

而绿叶制药则主要负责开发研究的部分，包括药物制备和质量控制、药理毒理研究，以及最为关键的临床研究。他们凭借丰富的经验和先进的技术，将研究成果转化为具有实际应用价值的药物，为患者的治疗提供了新的选择。

"同时打开三把锁的钥匙"

在众多药学院教授的齐心协作下，烟台大学、绿叶制药及众多临床合作伙伴集结了一支超过 500 人的专业团队，共同投身于这场前所未有的药物研发挑战。他们面临的难题，堪称科学界的珠穆朗玛峰。这款新药不仅要精确作用于 3 个靶点——5- 羟色胺、去甲肾上腺素、多巴胺转运体，且对每个靶点的作用强度也各不相同，细致入微。

田京伟教授打了一个生动的比喻：“想象靶点与药物的关系，就像一把锁和对应的钥匙。但这次，我们要做的是用这把钥匙同时打开3把锁，而且每把锁打开的幅度和角度都不同。”经过无数次的试验与探索，团队提出了“不均衡抑制3个靶点再摄取”的创新治疗理论，成功攻克了这把“钥匙”同时应对3把“锁”的难题。

然而，挑战并未结束。接下来，他们需要验证这种不均衡抑制是否能在实际的临床环境中发挥作用。这不仅是对理论的检验，也是全球药物研发的难点之一。在历经无数次的尝试与失败后，他们终于实现了从理论到临床的华丽转身。

“若欣林”这款药物，不仅是中国临床专家首次主持完成的1类抗抑郁新药的大型验证性临床研究成果，更是中国精神类药物研发史上的一座丰碑。它的成功，标志着中国在全球抑郁治疗领域发出了属于自己的声音，展现了强大的“中国力量”。